EUROPA-FACHBUCHREIHE
für wirtschaftliche Bildung

Mathematik

Lern- und Übungsbuch für die BFS 2

Schellberg

VERLAG EUROPA-LEHRMITTEL
Nourney, Vollmer GmbH & Co. KG
Düsselberger Straße 23
42781 Haan-Gruiten

Europa-Nr.: 24985

Autor
Daniel Schellberg, Köln

Verlagslektorat
Anke Hahn

2. Auflage 2023, korrigierter Nachdruck 2025
Druck 5 4 3 2

ISBN 978-3-7585-2282-6

Umschlag und Satz: Typework Layoutsatz & Grafik GmbH, 86167 Augsburg
Umschlagkonzept: tiff.any GmbH, 10999 Berlin
Umschlagfoto: © adam121 – stock.adobe.com
Druck: CPI books GmbH, 25917 Leck

Vorwort

Mathematik – Lern- und Übungsbuch für die BFS 2 ist ein Arbeitsbuch für Schülerinnen und Schüler der Berufsfachschule 2 (B2) mit dem Ziel des mittleren Schulabschlusses (Fachoberschulreife) am Berufskolleg für Wirtschaft und Verwaltung.

Im Bereich Wirtschaft und Verwaltung gibt es eine Vielzahl an unterschiedlichen Ausbildungsmöglichkeiten. Dieses Arbeitsbuch fokussiert stark auf **berufsorientierte Lernsituationen** und gibt damit **Einblick in die Vielfalt der kaufmännischen Berufsausbildung.** Gleichzeitig dienen die erlernten Unterrichtsinhalte und Fachbegriffe als Grundlage, um sich in einer kaufmännischen Berufsausbildung zurechtzufinden und schnell Fuß zu fassen.

Um die mathematischen Lerninhalte zu festigen und zu vertiefen, bietet das Arbeitsbuch eine **Vielzahl an Übungs- und Wiederholungsaufgaben,** die sich **flexibel und unabhängig** in den Unterricht einbinden lassen. Je nach didaktischer Jahresplanung lässt sich der Fokus unterschiedlich setzen. **Mathematik – Lern- und Übungsbuch für die BFS 2** ist somit eine ideale Ergänzung zum mathematischen Fachunterricht und kann je nach Themenschwerpunkt auch in den bereichsspezifischen Fächern *Geschäftsprozesse im Unternehmen* und *Gesamtwirtschaftliche Prozesse* als zusätzliches Übungsbuch genutzt werden.

Um den Schülerinnen und Schülern bei der Aufgabenbearbeitung eine Orientierung zu geben, bietet das Arbeitsbuch eine **3-Schritt-Methode zur Aufgabenbearbeitung,** eine Liste der **Operatoren** und eine Sammlung von **Fachwörtern**. Auf diese Weise soll die Phase der Problemerkennung unterstützt werden und ein einfacher Übergang in die Bearbeitungsphase erfolgen. Da die erfolgreiche Bearbeitung einer Aufgabe oft an einzelnen Fachwörtern scheitert, sind zahlreiche Fachbegriffe markiert und können in der Fachwortschatzliste nachgeschlagen werden.

Gerade im Bereich der Aufgabenbearbeitung und der Operatoren bietet sich auch ein fächerübergreifender Austausch an, um Gemeinsamkeiten und Unterschiede herauszuarbeiten.

Der passende Löser zu dem hier vorliegenden Lern- und Übungsbuch ist auf unserer Webseite www.europa-lehrmittel.de als digitales Buch unter den Europa-Nummern 48707L (4-Jahreslizenz) und 48707V (Jahreslizenz) erhältlich.

Ihr Feedback ist uns wichtig

Wenn Sie mithelfen möchten, dieses Buch für die kommenden Auflagen zu verbessern, schreiben Sie uns unter lektorat@europa-lehrmittel.de.

Ihre Hinweise und Verbesserungsvorschläge nehmen wir gerne auf.

Februar 2023 — Verlag und Verfasser

Inhaltsverzeichnis

Aufgabenbearbeitung

1. Überblick verschaffen

- Text und Aufgabenstellung überfliegen
- Um was für einen Sachverhalt handelt es sich?
  Beispiele:
  - Verteilung eines Gewinns auf verschiedene Personen ⇒ Verteilungsrechnung
  - Berechnung eines Rabatts ⇒ Prozentrechnung
  - Allgemeine Berechnung von Erlösen, Kosten und Gewinn ⇒ Lineare Funktionen
- Falls möglich: Unbekannte **(Fach-)Wörter** nachschlagen oder deren Bedeutung erfragen

2. Informationen sammeln

- Text gründlich lesen
- Benötigte Informationen und Zahlen markieren oder herausschreiben

3. Vorgehen planen

- Was wird von Ihnen erwartet? Um dies besser einschätzen zu können, helfen die **Operatoren** *(siehe Operatoren-Liste).*
- Welche benötigten Formeln und Bedingungen kennen Sie aus dem Unterricht?

Operatoren

berechnen *Anforderungsbereich I–II, vorwiegend I*

Ergebnisse mit Darstellung von **Ansatz** und **Berechnung** gewinnen

Es muss nachvollziehbar sein, wie Sie zu der Lösung gekommen sind. Nur das Endergebnis aufzuschreiben, ist nicht ausreichend.

---

beurteilen *Anforderungsbereich II–III, vorwiegend III*

Zu einem Sachverhalt ein **eigenständiges Urteil** unter Verwendung von **Fachwissen** und/oder **Fachmethoden formulieren** und dieses **begründen**

Fachmethoden sind zum Beispiel geeignete Rechnungen. Die Lösungen helfen, sich ein Urteil über den vorliegenden Sachverhalt zu bilden.

---

entscheiden *Anforderungsbereich II–III*

Sich bei Alternativen eindeutig und begründet auf eine Möglichkeit festlegen

Hierbei muss die Entscheidung auf Berechnungen oder einer nachvollziehbaren Argumentation erfolgen.

---

erklären *Anforderungsbereich III*

Sachverhalte mithilfe eigener Kenntnisse **verständlich** und **nachvollziehbar** machen und **in Zusammenhänge einordnen**

Hierbei kann es manchmal hilfreich sein, Sachverhalte anhand eigener Beispiele zu erklären.

erstellen/darstellen *Anforderungsbereich I–II*

Sachverhalte in übersichtlicher, fachlich angemessener Form ausdrücken

Hierbei geht es oftmals um die Darstellung und die Präsentation von Ergebnissen in Form einer Tabelle oder eines Diagramms.

ermitteln *Anforderungsbereich II*

Zusammenhänge bzw. **Lösungswege finden** und die **Ergebnisse formulieren**

Beim Ermitteln eines Ergebnisses spielen auch das Vorgehen und die dafür erforderlichen Zwischenschritte eine Rolle. Es ist also durchaus umfangreicher als eine einfache Berechnung.

nennen/notieren *Anforderungsbereich I*

Objekte, Sachverhalte, Begriffe und Daten ohne nähere Erläuterungen, Begründungen und ohne Darstellung von Lösungsansätzen oder Lösungswegen **aufzählen bzw. aufschreiben**

Hierbei geht es darum, Wissen oder Informationen stichpunktartig aufzuzählen.
Lange Erklärungen sind nicht gewünscht.

prüfen *Anforderungsbereich II*

Die Gültigkeit einer Aussage belegen bzw. widerlegen

Hierbei muss die Gültigkeit einer Aussage anhand geeigneter Rechnungen bzw. sinnvoller Kriterien überprüft werden.

skizzieren *Anforderungsbereich I–II*

Wesentliche Eigenschaften von Sachverhalten oder Objekten **grafisch darstellen** (auch Freihandskizze möglich)

Bei einer Skizze geht es lediglich darum, grundlegende Dinge anzudeuten. Das kann der grobe bzw. ungefähre Verlauf eines Graphen sein, ohne Skalierung der Achsen.

zeichnen *Anforderungsbereich I–II*

Eine hinreichend **exakte grafische Darstellung** von Objekten oder Daten anfertigen

Eine Zeichnung fertigt man anhand der exakten Werte und Zahlen an. Bei einem Graphen ist auf die richtige Achsenskalierung zu achten.

Bei den Operatoren handelt es sich um eine reduzierte Auswahl.

Kapitel 1 Umrechnen von Größen, proportionaler Dreisatz & Mischungsrechnung

Einführungssituation

BioShop-Colonia ist eine Supermarktkette mit Hauptsitz in Köln. Mit der regional ausgerichteten Struktur betreibt das Unternehmen 26 Supermärkte in Nordrhein-Westfalen. In der Kölner Stammfiliale befindet sich eine unternehmenseigene Kaffeerösterei. Hier werden fair gehandelte Bio-Kaffeemischungen angeboten.

Im Sommer haben Sie in der Kölner *BioShop-Colonia*-Filiale eine Ausbildung zum Kaufmann bzw. zur Kauffrau im Einzelhandel begonnen. Man erwartet von Ihnen, dass Sie Produktpreise miteinander vergleichen können und in der Lage sind, Verkaufspreise richtig zu **kalkulieren**. Allerdings sind solche Rechnungen schwierig, wenn sich die Preisangaben auf unterschiedliche Maßangaben beziehen, zum Beispiel auf unterschiedliche Gewichtseinheiten.

INFO: Preisangabenverordnung

In der Preisangabenverordnung *(PangV)* ist geregelt, auf welche Art und Weise die Preise für den Verbraucher zu notieren sind. In *§ 2 PangV* steht, dass neben dem **Gesamtpreis** auch der **Grundpreis** angegeben sein muss. Der Grundpreis ist z. B. der Preis je Kilogramm, je 100 Gramm oder je Liter. Diese Angabe ermöglicht dem Verbraucher eine Vergleichbarkeit von Produkten mit unterschiedlichen Füllmengen.

Gewichtsmaße

Das Gewicht zeigt an, wie schwer etwas ist. Wir geben Gewichte meist in den Maßeinheiten **Tonne (t), Kilogramm (kg)** oder **Gramm (g)** an.

1 Tonne = 1.000 Kilogramm **1 Kilogramm** = 1.000 Gramm

Beispiel: Eine Family-Packung Cornflakes (750 g) kostet 4,80 EUR. Wie viel kostet 1 kg Cornflakes?

750 g ⇒ 4,80 EUR

1 g ⇒ 0,0064 EUR, weil $\frac{4{,}80\text{ EUR}}{750\text{ g}} = 0{,}0064\ \frac{\text{EUR}}{\text{g}}$

1 kg = 1.000 g ⇒ 6,40 EUR, weil $0{,}0064\ \frac{\text{EUR}}{\text{g}} \cdot 1.000\text{ g} = 6{,}40\text{ EUR}$

Hohlmaße

Das Hohlmaß zeigt an, wie viel Flüssigkeit in einen leeren Behälter passt. Wir geben Hohlmaße überwiegend in den Maßeinheiten **Liter (l)** oder **Milliliter (ml)** an.

1 Liter = 1.000 Milliliter

Beispiel: Ein Smoothie (280 ml) kostet 2,24 EUR. Wie viel kostet 1 Liter Smoothie?

280 ml ⇒ 2,24 EUR

1 ml ⇒ 0,008 EUR, weil $\frac{2{,}24\text{ EUR}}{280\text{ ml}} = 0{,}008\ \frac{\text{EUR}}{\text{ml}}$

1.000 ml = 1 l ⇒ 8,00 EUR, weil $0{,}008\ \frac{\text{EUR}}{\text{ml}} \cdot 1.000\text{ ml} = 8{,}00\text{ EUR}$

Aktivbereich

Im kommenden Monat erweitert sich das **Sortiment** der *BioShop-Colonia*-Filiale um zwei neue Kaffeemischungen. Wie Sie bereits erfahren haben, müssen Sie für den Endverbraucher auch den Grundpreis der Kaffeemischungen angeben. Für Röstkaffee ist dies in der Regel der Preis je Kilogramm.

Berechnen Sie den jeweiligen Grundpreis je Kilogramm.

1. Kaffeemischung
Hierbei handelt es sich ausschließlich um Robusta-Bohnen aus dem Vietnam. Der Kaffee ist besonders kraftvoll im Geschmack. Eine 400-g-Packung kostet 4,88 EUR.

2. Kaffeemischung
Bei diesem Kaffee handelt es sich um eine Mittelamerika-Mischung, bestehend aus Arabica-Bohnen aus Nicaragua und Costa Rica. Das Mischverhältnis für die Herstellung von 10 kg lautet:

- 6 kg der Sorte Nicaragua (Preis je kg 14,00 EUR)
- 4 kg der Sorte Costa Rica (Preis je kg 11,50 EUR)

Wissen

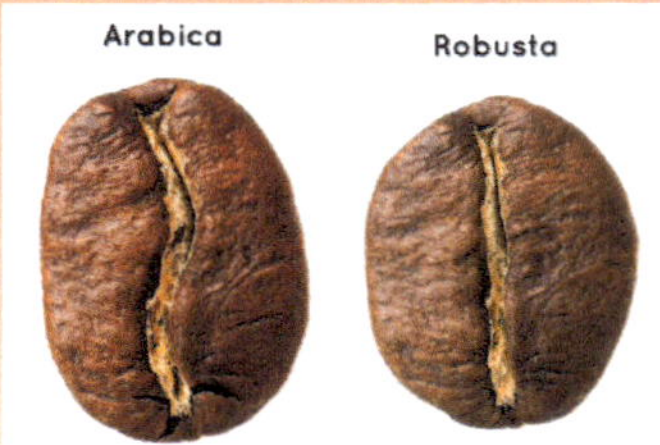

Robusta-Bohnen werden vorwiegend im Flachland angebaut. Deshalb nennt man Robusta-Kaffee auch Tiefland-Kaffee.

Bei Arabica-Bohnen handelt es sich hingegen um Hochland-Kaffee, da sich das Anbaugebiet in der Regel über 1.000 Höhenmeter befindet.

Übungsaufgaben

Aufgabe 1

Angebot A *Frischkäse mit Schnittlauch, je 180-g-Becher* 1,44 EUR
Angebot B *Frischkäse mit Kräutern der Provence, je 150-g-Becher* 1,26 EUR

Berechnen Sie den Preis je 100 g und entscheiden Sie, welches Angebot günstiger ist.

Aufgabe 2

Angebot A *Frühkartoffeln, festkochend, Qualität I, je 1,8-kg-Sack* 1,71 EUR
Angebot B *Speisekartoffeln, vorwiegend festkochend, 800-g-Schale* 0,84 EUR

Berechnen Sie den Preis je Kilogramm und entscheiden Sie, welches Angebot günstiger ist.

Aufgabe 3

Angebot A *Bio Vanille-Eiscreme, 480-ml-Becher* 1,44 EUR
Angebot B *Stracciatella-Eis, 900-ml-Packung* 2,25 EUR

Berechnen Sie den Preis je Liter und entscheiden Sie, welches Angebot günstiger ist.

Aufgabe 4

Angebot A *Bio Pfeffer-Salami, je 75-g-Packung* 1,98 EUR
Angebot B *Baguette-Salami in Scheiben, 120-g-Packung* 2,34 EUR

Berechnen Sie den Preis je 100 g und entscheiden Sie, welches Angebot günstiger ist.

Aufgabe 5

Angebot A *Direktsaft Orange ohne Fruchtfleisch, 1.350-ml-Flasche* 3,51 EUR
Angebot B *Orangensaft, mild, Tetra Pak mit 850 ml* 1,87 EUR

Berechnen Sie den Preis je Liter und entscheiden Sie, welches Angebot günstiger ist.

Aufgabe 6

Angebot A *Holländische Butter, ungesalzen, je 250-g-Packung* 2,20 EUR
Angebot B *Irische Butter, ungesalzen, je 160-g-Packung* 1,80 EUR

Berechnen Sie den Preis je Kilogramm und entscheiden Sie, welches Angebot günstiger ist.

Aufgabe 7

Angebot A *Möhren, Bio-Anbau aus Niedersachsen, 1,5-kg-Bund* 4,17 EUR
Angebot B *Bio-Möhren, regional, Beutel mit 800 g* 2,84 EUR

Berechnen Sie den Preis je Kilogramm und entscheiden Sie, welches Angebot günstiger ist.

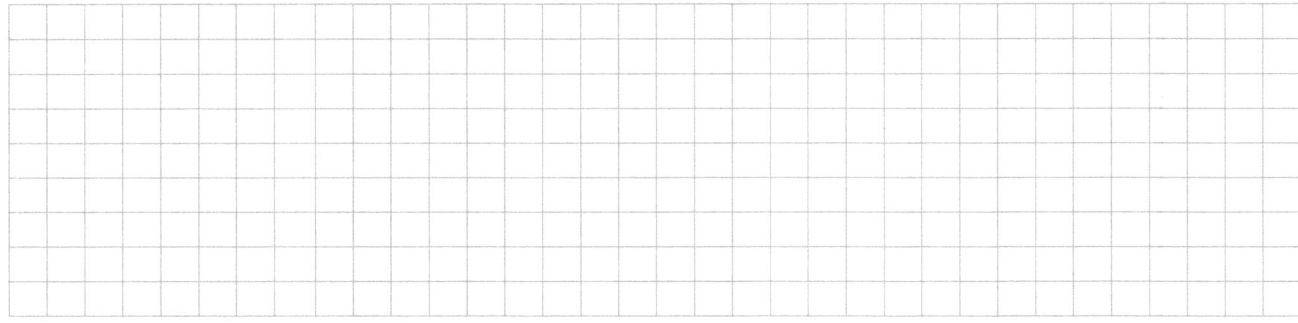

Aufgabe 8

Angebot A *Safranfäden, Päckchen mit 0,015 Kilogramm* 57,90 EUR
Angebot B *Safranfäden, Tüte á 6 Gramm* 24,30 EUR

Berechnen Sie den Preis je 10 g und entscheiden Sie, welches Angebot günstiger ist.

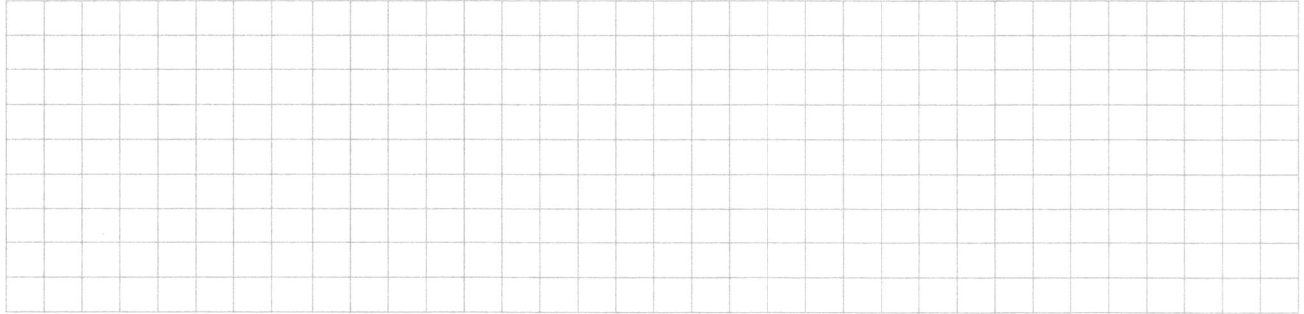

Aufgabe 9

Angebot A *Erdnussbutter Crunchy, 350-g-Becher* 2,99 EUR
Angebot B *Peanut Bio-Erdnusscreme, 375-g-Glas* 3,18 EUR

Berechnen Sie den Preis je Kilogramm und entscheiden Sie, welches Angebot günstiger ist *(runden Sie sinnvoll).*

Aufgabe 10

Angebot A *Butterkeks Schoko-Vollmilch, 125-g-Packung* 1,49 EUR
Angebot B *Bio Hafer-Cookies, 300-g-Packung* 3,30 EUR

Berechnen Sie den Preis je Kilogramm und entscheiden Sie, welches Angebot günstiger ist.

Aufgabe 11

Angebot A *Bio-Champignons, braun, 400-g-Schale* 3,99 EUR
Angebot B *Champignonmischung, Packung á 225 g* 2,16 EUR

Berechnen Sie den Preis je Kilogramm und entscheiden Sie, welches Angebot günstiger ist *(runden Sie sinnvoll).*

Aufgabe 12

Angebot A *Joghurt Griechischer Art, Himbeere, 6 x 125 g* 3,80 EUR
Angebot B *Bio-Joghurt Mango, 3,8 %, 150-g-Becher* 0,57 EUR

Berechnen Sie den Preis je 100 g und entscheiden Sie, welches Angebot günstiger ist *(runden Sie sinnvoll).*

Aufgabe 13

Ein Kaffeeladen bietet eine Kaffeemischung aus Südamerika an. Bei der Herstellung werden 3 kg der Kaffeesorte Brasil mit 2 kg der Kaffeesorte Columbia gemischt. 1 kg der Sorte Brasil kostet 7,00 EUR. 1 kg der Sorte Columbia kostet 6,00 EUR.

Berechnen Sie den Preis für eine 250-g-Packung der Südamerika-Mischung.

Aufgabe 14

Eine Bäckerei stellt eine beliebte Brotsorte her. Für die Brotbackmischung werden 5 kg Weizenmehl und 2 kg Dinkelmehl gemischt. Ein 10-kg-Sack Weizenmehl kostet 11,20 EUR. Ein 10-kg-Sack Dinkelmehl kostet 14,00 EUR.

Berechnen Sie den Preis für 400 g der Mischung.

Aufgabe 15

Ein Großhandel für Baumaterialien bietet eine Sand-Kies-Mischung an. Dabei werden 3 t Sand mit 7 t Kies gemischt. Eine Tonne Sand kostet 14,00 EUR. 750 kg Kies kosten 6,00 EUR.

Berechnen Sie den Preis für 1,5 t der Sand-Kies-Mischung.

Aufgabe 16

Ein Café bietet selbst gemachten Fruchtjoghurt an. Bei der Herstellung des Fruchtjoghurts werden 5 kg naturreiner Joghurt (Preis je kg: 7,50 EUR) und 500 g Fruchtzubereitung (Preis je kg: 13,00 EUR) gemischt.

Berechnen Sie die Kosten für die Herstellung von 200 g Fruchtjoghurt.

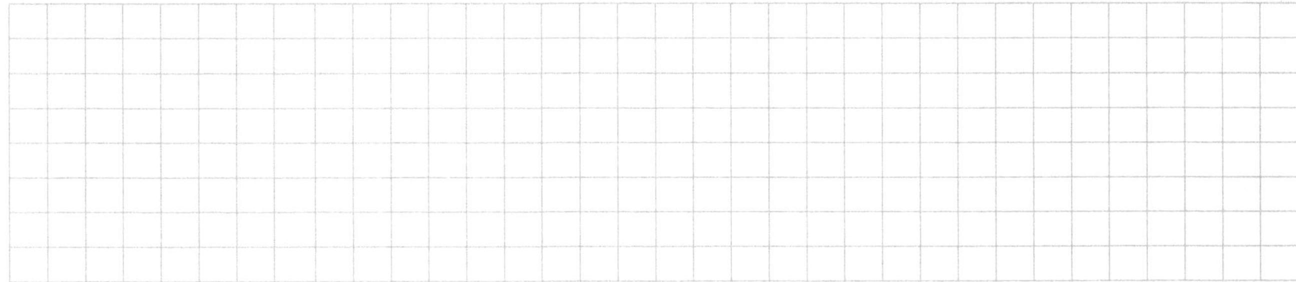

Aufgabe 17

Ein Hotel bietet am Frühstücksbuffet frischen Obstsalat an. Der Obstsalat besteht aus 9 kg Bananen zu 2,30 EUR je kg, 17 kg Äpfeln zu 1,90 EUR je kg, 5 kg Trauben zu 3,80 EUR je kg und 7 kg Melonen zu 3,10 EUR je kg.

Berechnen Sie die Kosten für die Herstellung von 250 g Obstsalat *(runden Sie sinnvoll)*.

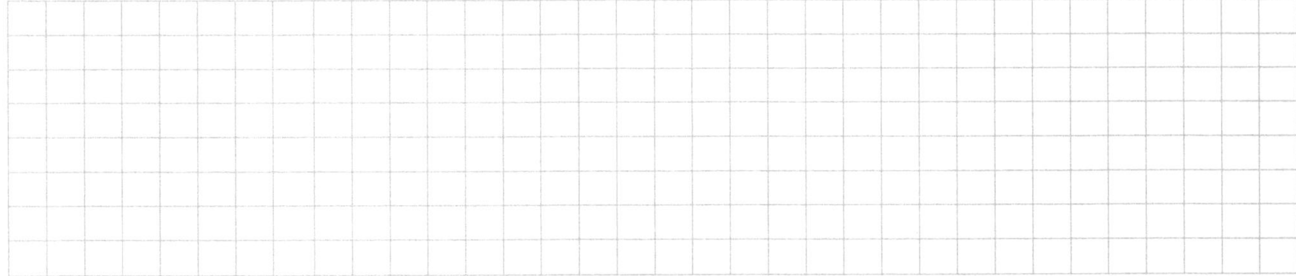

Aufgabe 18

Ein Zoofachgeschäft verkauft eine Futtermischung für Vögel. Die Wintermischung wird hergestellt aus 7 kg Sonnenblumenkernen (8,00 EUR je kg), 8 kg Haferflocken (5,10 EUR je kg) und 5 kg Haselnüssen (9,60 EUR je kg). Verkauft wird die Mischung in Säcken zu 2.750 g.

Berechnen Sie den Preis für einen Sack der Wintermischung.

Notizen/Merksätze/Lernhilfen

Kapitel 2 Verteilungsrechnung (Nebenkostenabrechnung)

Einführungssituation

Die *OWR Immobilien GmbH* ist ein erfolgreiches Wohnungsunternehmen mit Hauptsitz in Oberhausen. Insgesamt verwaltet die Gesellschaft 15.000 Wohnungen in NRW. Die *OWR* bietet auf diese Weise über 35.000 Menschen ein Zuhause. Das Ziel des Unternehmens ist es, Menschen einen Raum zum Leben zu geben. Deshalb liegen die Kerntätigkeiten in der Verwaltung und Entwicklung von Wohnimmobilien. Die *OWR* ist also mehr als nur ein Vermieter: Sie ist zugleich auch Immobilienhändler und Bauträger.

Im Sommer haben Sie bei der *OWR Immobilien GmbH* eine Ausbildung zum Immobilienkaufmann bzw. zur Immobilienkauffrau begonnen. Eine Ihrer Tätigkeiten besteht darin, die jährliche Nebenkostenabrechnung für eines der betreuten Mietobjekte zu erstellen.

INFO: Nebenkostenabrechnung (bzw. Betriebskostenabrechnung)

Die Nebenkosten umfassen alle Kosten, die der Mieter neben der monatlichen Kaltmiete an den Vermieter zu bezahlen hat. Typische Nebenkosten sind die Kosten für:

- Straßenreinigung
- Müllentsorgung
- Treppenhausreinigung
- Frischwasser
- Schmutzwasser
- Heizung
- Schornsteinfeger
- Aufzugswartung
- usw.

Die Gesamtsumme der Nebenkosten lässt sich anhand unterschiedlicher Verteilerschlüssel aufteilen. Der Vermieter hat bei der Auswahl des Verteilerschlüssels zwar viele Freiheiten, muss aber auch verschiedene gesetzliche Vorgaben beachten (etwa die Heizkostenverordnung). Grundsätzlich kommen die folgenden vier Verteilerschlüssel infrage:

- Fläche der Wohnung
- Größe des Haushalts (Anzahl der dort lebenden Personen[1])
- Anzahl der Wohneinheiten
- Tatsächlicher Verbrauch[2]

Die Bezahlung der Nebenkosten erfolgt in der Regel als eine monatliche Vorauszahlung auf die tatsächlich angefallenen Kosten. Am Ende des Jahres werden dann die tatsächlich entstandenen Kosten mit den bereits geleisteten Vorauszahlungen verglichen.

Bei zu wenig gezahlten Beträgen wird vom Mieter eine Nachzahlung verlangt. Für den Fall, dass die Vorauszahlungen höher waren als die tatsächlichen Kosten, erhält der Mieter eine Erstattung (= Rückzahlung).

Kaltmiete	Als Kaltmiete bezeichnet man den Betrag der Miete, der sich lediglich auf die Nutzung des Wohnraums bezieht.
Warmmiete	Als Warmmiete bezeichnet man die Summe von Kaltmiete plus Betriebskosten (Nebenkosten).

1 Hat sich die Anzahl der in einer Wohnung lebenden Personen im Laufe des Abrechnungsjahrs verändert, kann die Abrechnung auch entsprechend verfeinert werden, indem man eine monats- oder tagesgenaue Abrechnung erstellt. **In den hier vorliegenden Aufgaben ist die Personenanzahl im Abrechnungszeitraum gleichbleibend.**

2 Laut Heizkostenverordnung muss der Vermieter die Verbrauchskosten der zentralen Heizungsanlage **zu mindestens 50 % und höchstens 70 %** nach dem erfassten Energieverbrauch der Mieter abrechnen. Allerdings können Vermieter und Mieter im Mietvertrag eine obere Grenze bis zu einem Verbrauchsanteil von 100 % vereinbaren. **In den hier vorliegenden Aufgaben ist ein Verbrauchsanteil von 100 % angesetzt.**

Aktivbereich

Die folgenden Tabellen geben Ihnen eine Übersicht über die unterschiedlichen Wohneinheiten, die jeweilige monatliche Vorauszahlung und die im abgelaufenen Jahr entstandenen Kosten:

Wohneinheit	Personenanzahl	Wohnfläche	Verbrauch	monatliche Vorauszahlung
Wohnung 1	2	82 qm	9.620 kWh	150,00 EUR
Wohnung 2	1	36 qm	5.270 kWh	110,00 EUR
Wohnung 3	3	105 qm	12.290 kWh	200,00 EUR
Wohnung 4	2	79 qm	8.950 kWh	160,00 EUR
Wohnung 5	2	65 qm	6.300 kWh	150,00 EUR
Wohnung 6	4	113 qm	15.970 kWh	220,00 EUR

Kostenart	Betrag	Verteilerschlüssel
Allgemeinstrom	597,80 EUR	Personenanzahl
Frischwasser	612,50 EUR	Personenanzahl
Gebäudeversicherungen	2.064,00 EUR	Wohnfläche in m^2
Grundsteuer	456,00 EUR	Wohnfläche in m^2
Heizkostenabrechnung	4.088,00 EUR	Verbrauch in kWh
Müllentsorgung	1.689,60 EUR	Wohnfläche in m^2
Oberflächenwasser	427,20 EUR	Wohnfläche in m^2
Schmutzwasser	728,00 EUR	Personenanzahl
Schornsteinfeger	384,00 EUR	Wohnfläche in m^2
Straßenreinigung	393,60 EUR	Anzahl Wohneinheiten
Treppenhausreinigung	1.214,40 EUR	Anzahl Wohneinheiten
TV-/Kabelanschluss	486,00 EUR	Anzahl Wohneinheiten

Ermitteln Sie die Höhe der Nebenkosten, die auf **Wohnung 1** entfallen.

Prüfen Sie anschließend, ob die Mieter der **Wohnung 1** eine Nachzahlung leisten müssen oder eine Rückzahlung erhalten.

Zusatzübung

Ermitteln Sie auch für die restlichen Wohnungen die Höhe der Nebenkosten.

Prüfen Sie anschließend, ob die Mieter eine Nachzahlung leisten müssen oder eine Rückzahlung erhalten.

Aktivbereich

Übungsaufgaben

Aufgabe 1

Die nachfolgende Tabelle gibt eine Übersicht über die Wohnungsgrößen und Betriebskosten einer Wohnimmobilie. Da die Wohnungen über eigene Gas-Etagenheizungen verfügen, werden die Heiz- und Warmwasserkosten direkt mit dem Gas-Anbieter abgerechnet und sind daher nicht Bestandteil der Nebenkosten. Die verwaltende *Haus- und Grundbesitz GmbH* hat sich dafür entschieden, die jährlichen Betriebskosten nur anhand der Wohnfläche zu verteilen.

Wohneinheit	Personenanzahl	Wohnfläche	monatliche Vorauszahlung
Wohnung 1	4	112 qm	180,00 EUR
Wohnung 2	2	74 qm	120,00 EUR
Wohnung 3	2	72 qm	120,00 EUR
Wohnung 4	1	57 qm	100,00 EUR

Kostenart	Betrag	Verteilerschlüssel
Allgemeinstrom	337,05 EUR	Wohnfläche in m^2
Frischwasser	607,95 EUR	Wohnfläche in m^2
Gebäudeversicherung	1.004,85 EUR	Wohnfläche in m^2
Grundsteuer	724,50 EUR	Wohnfläche in m^2
Müllabfuhr	1.678,95 EUR	Wohnfläche in m^2
Oberflächenwasser	151,20 EUR	Wohnfläche in m^2
Schmutzwasser	932,40 EUR	Wohnfläche in m^2
Straßenreinigung	204,75 EUR	Wohnfläche in m^2
TV-/Kabelanschluss.	371,70 EUR	Wohnfläche in m^2
Wartung Therme	422,10 EUR	Wohnfläche in m^2

Beurteilen Sie die Sinnhaftigkeit, alle Kostenarten anhand der Wohnfläche zu verteilen.

Ermitteln Sie für alle vier Wohnungen die Höhe der Nebenkosten.

Beurteilen Sie, ob die Mieter eine Nachzahlung leisten müssen oder eine Rückzahlung erhalten.

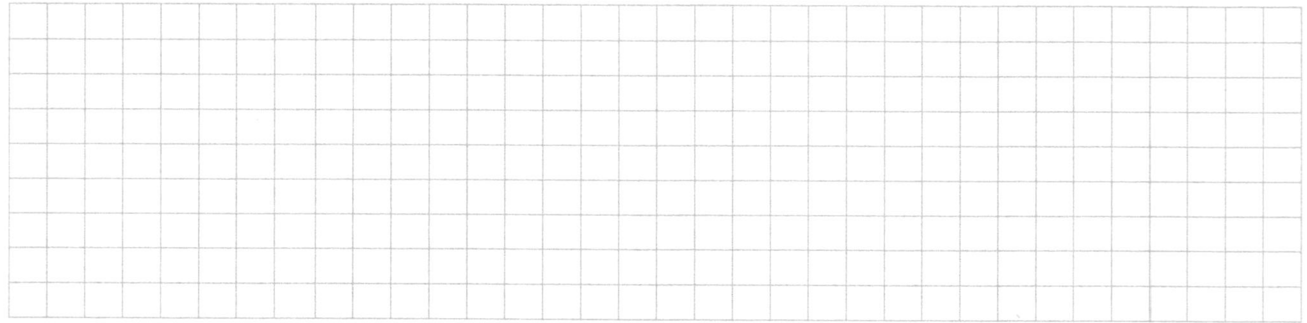

Aufgabe 1

Aufgabe 2

Die nachfolgende Tabelle gibt eine Übersicht über die Wohnungsgrößen und Betriebskosten einer Wohnimmobilie. Die Heiz- und Warmwasserkosten wurden bereits in einer gesonderten Aufstellung von einem externen Gas-Anbieter abgerechnet und sind daher nicht Bestandteil der Mietnebenkosten.

Wohneinheit	Personenanzahl	Wohnfläche	monatliche Vorauszahlung
Wohnung 1	3	95 qm	220,00 EUR
Wohnung 2	2	90 qm	180,00 EUR
Wohnung 3	1	60 qm	120,00 EUR
Wohnung 4	2	75 qm	160,00 EUR

Kostenart	Betrag	Verteilerschlüssel
Allgemeinstrom	412,80 EUR	Wohnfläche in m^2
Frischwasser	1.150,80 EUR	Personenanzahl
Gebäudeversicherung	1.348,80 EUR	Wohnfläche in m^2
Grundsteuer	1.091,20 EUR	Wohnfläche in m^2
Hausreinigung	601,60 EUR	Wohnfläche in m^2
Müllabfuhr	828,00 EUR	Personenanzahl
Schmutzwasser	1.163,20 EUR	Personenanzahl
Schornsteinreinigung	460,80 EUR	Wohnfläche in m^2
Straßenreinigung	432,00 EUR	Wohnfläche in m^2
Winterdienst	673,60 EUR	Wohnfläche in m^2

Ermitteln Sie für alle vier Wohnungen die Höhe der Nebenkosten.

Prüfen Sie anschließend, ob die Mieter eine Nachzahlung leisten müssen oder eine Rückzahlung erhalten.

Aufgabe 2

Aufgabe 3

Die nachfolgende Tabelle gibt eine Übersicht über die Wohnungsgrößen und Betriebskosten einer Wohnimmobilie.

Wohneinheit	Personenanzahl	Wohnfläche	Verbrauch	monatliche Vorauszahlung
Wohnung 1	4	105 qm	11.850 kWh	300,00 EUR
Wohnung 2	5	130 qm	12.300 kWh	350,00 EUR
Wohnung 3	3	99 qm	11.250 kWh	280,00 EUR
Wohnung 4	2	65 qm	6.900 kWh	180,00 EUR
Wohnung 5	2	70 qm	7.200 kWh	180,00 EUR

Kostenart	Betrag	Verteilerschlüssel
Allgemeinstrom	681,10 EUR	Personenanzahl
Frischwasser	699,90 EUR	Personenanzahl
Gebäudeversicherungen	1.992,30 EUR	Wohnfläche in m^2
Grundsteuer	420,10 EUR	Wohnfläche in m^2
Heizkostenabrechnung	5.940,00 EUR	Verbrauch in kWh
Müllentsorgung	1.626,80 EUR	Wohnfläche in m^2
Oberflächenwasser	393,40 EUR	Wohnfläche in m^2
Schmutzwasser	832,00 EUR	Personenanzahl
Schornsteinfeger	351,20 EUR	Wohnfläche in m^2
Straßenreinigung	321,70 EUR	Anzahl Wohneinheiten
Treppenhausreinigung	1.008,30 EUR	Anzahl Wohneinheiten
TV-/Kabelanschluss	404,00 EUR	Anzahl Wohneinheiten
Winterdienst	255,00 EUR	Personenanzahl

Ermitteln Sie für alle fünf Wohnungen die Höhe der Nebenkosten.

Prüfen Sie anschließend, ob die Mieter eine Nachzahlung leisten müssen oder eine Rückzahlung erhalten.

Aufgabe 3

Notizen/Merksätze/Lernhilfen

Kapitel 3 Verteilungsrechnung (Gewinnverteilung)

Einführungssituation

Das Steuerbüro *Klein & Brahm* ist eine Steuerberatungskanzlei mit Sitz in Düsseldorf. Die Kanzlei unterstützt und berät kleine und mittelständische Unternehmen in Steuerfragen und unternehmerischen Prozessen, zum Beispiel bei einer Unternehmensgründung, der **Finanzbuchhaltung** und dem **Jahresabschluss**.

Im Sommer haben Sie beim Steuerbüro *Klein & Brahm* eine Ausbildung zum/zur Steuerfachangestellten begonnen. Man erwartet bereits von Ihnen, dass Sie mit den gesetzlichen Regelungen zur Gewinn- und Verlustverteilung vertraut sind. Bei einem Mandanten kann es sich beispielsweise um eine GmbH oder OHG handeln, für die man beauftragt wurde, den **Jahresabschluss** durchzuführen.

INFO: Gewinn- und Verlustverteilung (GmbH & OHG)

Die Rechtsform eines Unternehmens schafft den rechtlichen Rahmen dafür, wie manche unternehmerischen Tätigkeiten zu handhaben sind. Die gewählte Rechtsform hat unter anderem einen Einfluss auf die Gewinn- und Verlustverteilung eines Unternehmens. Falls im **Gesellschaftsvertrag** keine abweichenden Regelungen vereinbart wurden, gelten für die Gewinn- und Verlustverteilung die gesetzlichen Vorgaben.

GmbH

Die Rechtsform **GmbH** bzw. **Gesellschaft mit beschränkter Haftung** zeichnet sich in erster Linie dadurch aus, dass die **Gesellschafter** lediglich mit dem Gesellschaftsvermögen haften. Für die Gründung einer GmbH muss allerdings ein Mindestkapital in Höhe von 25.000,00 EUR vorliegen.
Die gesetzliche Gewinnverteilung erfolgt nach dem Verhältnis der Geschäftsanteile (§ 29 Abs. 3 GmbHG). Der Gewinn einer GmbH wird aber nicht automatisch verteilt. Die Gesellschafter müssen die Höhe des zu verteilenden Gewinns erst beschließen. Es besteht zum Beispiel die Möglichkeit, dass Teile des Gewinns nicht verteilt werden und stattdessen in das Unternehmen fließen.

OHG

Eine **OHG** bzw. **Offene Handelsgesellschaft** wird in der Regel von den Gesellschaftern gemeinschaftlich geführt. Dabei haften alle Gesellschafter unbeschränkt, also gegebenenfalls auch mit ihrem Privatvermögen.
Bei der gesetzlichen Gewinnverteilung erhält jeder Gesellschafter bzw. jede Gesellschafterin 4/100 (vier Hundertstel) seiner bzw. ihrer **Kapitaleinlage**. Der restliche Gewinn wird nach Köpfen verteilt. Ein möglicher Verlust wird ebenfalls nach Köpfen verteilt (§ 121 HGB).

Aktivbereich

Das Steuerbüro *Klein & Brahm* hat dem Geschäftsführer der *Schell & Berg Solutions GmbH* zugesichert, im Rahmen des **Jahresabschlusses** die Gewinnverteilung durchzuführen. Auch die Gewinnverteilung der *Farben Schneider OHG* soll bearbeitet werden.

Schell & Berg Solutions GmbH
Bei der *Schell & Berg Solutions GmbH* handelt es sich um ein mittelständisches Unternehmen, das kleinere Unternehmen bei IT-Fragen berät. Die Gesellschafter der GmbH sind Kai Schell (Kapitaleinlage: 80.000,00 EUR), Lara Berg (Kapitaleinlage: 70.000,00 EUR) und Babak Sampras (Kapitaleinlage: 50.000,00 EUR).
Im abgelaufenen Geschäftsjahr hat die *Schell & Berg Solutions GmbH* einen Gewinn in Höhe von 360.000,00 EUR erwirtschaftet. Der Gewinn soll in voller Höhe an die drei Gesellschafter ausgeschüttet werden. Die Verteilung soll anhand der gesetzlichen Regelungen erfolgen.

Ermitteln Sie, welcher Gewinnbetrag den Gesellschaftern bzw. der Gesellschafterin zusteht.

Farben Schneider OHG
Bei der *Farben Schneider OHG* handelt es sich um einen Maler- und Lackierbetrieb, der sich auf die Gestaltung von Fassaden spezialisiert hat. Geführt wird das Familienunternehmen von Otto Schneider (Kapitaleinlage: 25.000,00 EUR), seiner Tochter Christa Schneider (Kapitaleinlage: 35.000,00 EUR) und seinem Schwiegersohn Sebastian Degen (Kapitaleinlage: 15.000,00 EUR).
Im abgelaufenen Geschäftsjahr wurde ein Gewinn in Höhe von 150.000,00 EUR erwirtschaftet. Der Gewinn soll anhand der gesetzlichen Regelungen verteilt werden.

Ermitteln Sie, welcher Gewinnbetrag den Gesellschaftern bzw. der Gesellschafterin zusteht.

Übungsaufgaben

Aufgabe 1

Im abgelaufenen Geschäftsjahr hat eine GmbH einen Gewinn in Höhe von 280.000,00 EUR erwirtschaftet. Der Gewinn soll in voller Höhe an die drei Gesellschafter ausgeschüttet werden (gesetzliche Regelung). Die Gesellschafter sind Dr. Kathrin Boin (Kapitaleinlage: 90.000,00 EUR), Lea Frevert (Kapitaleinlage: 70.000,00 EUR) und Heinz Berg (Kapitaleinlage: 40.000,00 EUR).

Ermitteln Sie, welcher Gewinnbetrag dem Gesellschafter bzw. den Gesellschafterinnen zusteht.

Aufgabe 2

Im abgelaufenen Geschäftsjahr hat eine GmbH einen Gewinn in Höhe von 775.000,00 EUR erwirtschaftet. Ein Fünftel des Gewinns soll als **Gewinnrücklage** im Unternehmen verbleiben. Der restliche Gewinn soll anhand der gesetzlichen Regelungen an die drei Gesellschafter ausgeschüttet werden. Die Gesellschafter sind Claudia Bonn (Kapitaleinlage: 180.000,00 EUR), Mathea Huppertz (Kapitaleinlage: 130.000,00 EUR) und Michael Laaser (Kapitaleinlage: 90.000,00 EUR).

Ermitteln Sie, welcher Gewinnbetrag dem Gesellschafter bzw. den Gesellschafterinnen zusteht.

Aufgabe 3

Im abgelaufenen Geschäftsjahr hat eine GmbH einen Gewinn in Höhe von 560.000,00 EUR erwirtschaftet. Ein Achtel des Gewinns soll als **Gewinnrücklage** im Unternehmen verbleiben. Der restliche Gewinn soll anhand der gesetzlichen Regelungen an die drei Gesellschafter ausgeschüttet werden. Die Gesellschafter sind Marius Rott (Kapitaleinlage: 60.000,00 EUR), Luisa Bertz (Kapitaleinlage: 180.000,00 EUR) und Stephanie Mann (Kapitaleinlage: 40.000,00 EUR).

Ermitteln Sie, welcher Gewinnbetrag dem Gesellschafter bzw. den Gesellschafterinnen zusteht.

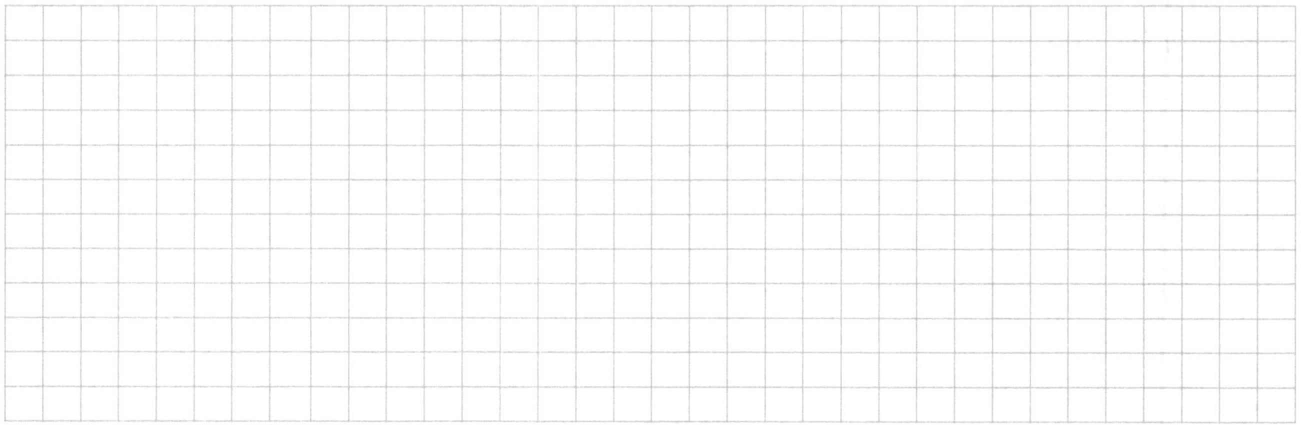

Aufgabe 4

Im abgelaufenen Geschäftsjahr hat eine GmbH einen Gewinn in Höhe von 117.750,00 EUR erwirtschaftet. Der Gewinn soll in voller Höhe an die vier Gesellschafter ausgeschüttet werden (gesetzliche Regelung). Die Gesellschafter sind Marco Weig (Kapitaleinlage: 70.000,00 EUR), Paulina Rath (Kapitaleinlage: 40.000,00 EUR), Volkan Gül (Kapitaleinlage: 30.000,00 EUR) und Kamila Janowski (10.000,00 EUR).

Ermitteln Sie, welcher Gewinnbetrag den Gesellschaftern bzw. Gesellschafterinnen zusteht.

Aufgabe 5

Im abgelaufenen Geschäftsjahr hat eine OHG einen Gewinn in Höhe von 119.800,00 EUR erwirtschaftet. Der Gewinn soll in voller Höhe an die drei Gesellschafter ausgeschüttet werden (gesetzliche Regelung). Die Gesellschafter sind Dr. Anika Frech (Kapitaleinlage: 10.000,00 EUR), Antonia Thoma (Kapitaleinlage: 45.000,00 EUR) und Jakob Dees (Kapitaleinlage: 15.000,00 EUR).

Ermitteln Sie, welcher Gewinnbetrag dem Gesellschafter bzw. den Gesellschafterinnen zusteht.

Aufgabe 6

Im abgelaufenen Geschäftsjahr hat eine OHG einen Gewinn in Höhe von 315.200,00 EUR erwirtschaftet. Im Gesellschaftsvertrag wurde vereinbart, dass der Gesellschafter Levi Barg (Kapitaleinlage: 80.000,00 EUR) eine Vorabzahlung in Höhe von 20.000,00 EUR erhält. Der verbleibende Gewinn soll anhand der gesetzlichen Regelungen an die drei Gesellschafter ausgeschüttet werden. Die weiteren Gesellschafter sind Tobias Schaps (Kapitaleinlage: 70.000,00 EUR) und Isabell Insten (Kapitaleinlage: 30.000,00 EUR).

Ermitteln Sie, welcher Gewinnbetrag den Gesellschaftern bzw. der Gesellschafterin zusteht.

Aufgabe 7

Im abgelaufenen Geschäftsjahr hat eine OHG einen Gewinn in Höhe von 292.600,00 EUR erwirtschaftet. Im Gesellschaftsvertrag wurde vereinbart, dass die Gesellschafterinnen Mareike Gut (Kapitaleinlage: 55.000,00 EUR) und Ina Neuhoff (Kapitaleinlage: 40.000,00 EUR) jeweils eine Vorabzahlung in Höhe von 16.000,00 EUR erhalten. Der verbleibende Gewinn soll anhand der gesetzlichen Regelungen unter den vier Gesellschaftern verteilt werden. Die weiteren Gesellschafter sind Daniel Baumann (Kapitaleinlage: 20.000,00 EUR) und Hannes Göbel (Kapitaleinlage: 15.000,00 EUR).

Ermitteln Sie, welcher Gewinnbetrag den Gesellschaftern bzw. Gesellschafterinnen zusteht.

Aufgabe 8

Im abgelaufenen Geschäftsjahr hat eine GmbH einen Gewinn in Höhe von 32.250,00 EUR erwirtschaftet. Ein Zehntel des Gewinns soll als **Gewinnrücklage** im Unternehmen verbleiben. Der restliche Gewinn soll anhand der gesetzlichen Regelungen an die zwei Gesellschafterinnen Sarah Hammer (Kapitaleinlage: 11.000,00 EUR) und Julia Pleis (Kapitaleinlage: 14.000,00 EUR) ausgeschüttet werden.

Ermitteln Sie, welcher Gewinnbetrag den Gesellschafterinnen zusteht.

Aufgabe 9

Im abgelaufenen Geschäftsjahr hat eine OHG einen Gewinn in Höhe von 122.000,00 EUR erwirtschaftet. Im Gesellschaftsvertrag wurde vereinbart, dass die Gesellschafterin Carla Lütz (Kapitaleinlage: 45.000,00 EUR) eine Vorabzahlung in Höhe von 24.000,00 EUR erhält. Der verbleibende Gewinn soll anhand der gesetzlichen Regelungen an die drei Gesellschafter ausgeschüttet werden. Die weiteren Gesellschafter sind die Brüder Jakob Ehm (Kapitaleinlage: 70.000,00 EUR) und Jonas Ehm (Kapitaleinlage: 85.000,00 EUR).

Ermitteln Sie, welcher Gewinnbetrag den Gesellschaftern bzw. der Gesellschafterin zusteht.

Aufgabe 10

Im abgelaufenen Geschäftsjahr hat eine GmbH einen Gewinn in Höhe von 65.700,00 EUR erwirtschaftet. Im Gesellschaftervertrag wurde vereinbart, dass dem Gesellschafter Dr. Geraldo Elbers ein Viertel des erzielten Gewinns zusteht. Der restliche Gewinn soll anhand der gesetzlichen Regelungen an die Gesellschafter Dr. Geraldo Elbers (Kapitaleinlage: 29.000,00 EUR), Carina Castello (Kapitaleinlage: 15.000,00 EUR) und Kathrin Much (Kapitaleinlage: 6.000,00 EUR) verteilt werden.

Ermitteln Sie, welcher Gewinnbetrag dem Gesellschafter bzw. den Gesellschafterinnen zusteht.

Notizen/Merksätze/Lernhilfen

Kapitel 4 Prozentrechnung

Einführungssituation

Die *Schreinerei Insten OHG* ist eine Holzmanufaktur aus Mönchengladbach. Das Unternehmen hat sich spezialisiert auf die Sonderanfertigung von Einbauschränken und den Einbau von Treppen, Fenstern und Türen.

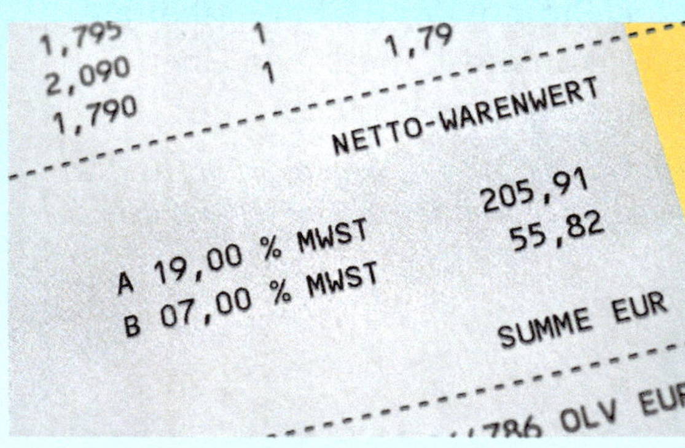

Neben den handwerklichen Tätigkeiten fallen in einem solchen Unternehmen selbstverständlich auch diverse Büroaufgaben an. Im Sommer haben Sie bei der *Schreinerei Insten OHG* eine Ausbildung zum Kaufmann bzw. zur Kauffrau für Büromanagement begonnen. Man erwartet von Ihnen, dass Sie bei der Bearbeitung von Rechnungen auch unterschiedliche Prozentrechnungen[1] schnell und richtig durchführen können.

1 Zahlenangaben in Prozent sollen Größenverhältnisse veranschaulichen und vergleichbar machen. Hierbei werden die Größen ins Verhältnis zu der Vergleichszahl 100 gesetzt. Die Bezeichnung Prozent stammt von dem italienischen Ausdruck per cento, was so viel bedeutet wie von Hundert.

INFO: Bearbeitung von Rechnungen

Bei der Bearbeitung, Kontrolle und **Buchung** von **Eingangsrechnungen** (ER) und **Ausgangsrechnungen** (AR) können die unterschiedlichsten Prozentrechnungen vorkommen: zum Beispiel muss man Rabatte kontrollieren, bei der Überweisung Skonto abziehen und die Umsatzsteuer richtig erfassen.

Rabatt Ein **Rabatt** ist ein Preisnachlass. Der **Listenpreis (= 100 %)** einer Ware oder Dienstleistung wird durch einen gewährten Rabatt verringert. Rabatte werden in der Regel in Prozent angegeben (= Prozentsatz). Typische Rabattarten sind Mengenrabatte, Treuerabatte und Saisonrabatte.

Beispiel 1: Auf eine Ware im Wert von 800,00 EUR (= Listenpreis) erhalten Sie einen Preisnachlass in Höhe von 15 %. Ermitteln Sie den reduzierten Preis.

$800{,}00 \text{ EUR} \triangleq 100\,\% \Rightarrow \frac{800{,}00}{100} \cdot 15 = 120{,}00 \text{ EUR} \triangleq 15\,\%$

$800{,}00 \text{ EUR} - 120{,}00 \text{ EUR} = 680{,}00 \text{ EUR} \triangleq 85\,\%$

oder schneller: $\frac{800{,}00}{100} \cdot (100-15) = \frac{800{,}00}{100} \cdot 85 = 680{,}00 \text{ EUR}$

Beispiel 2: Sie erhalten auf eine Ware 20 % Rabatt. Dies entspricht einem Preisnachlass in Höhe von 60,00 EUR. Ermitteln Sie den reduzierten Preis.

$60{,}00 \text{ EUR} \triangleq 20\,\% \Rightarrow \frac{60{,}00}{20} \cdot 100 = 300{,}00 \text{ EUR} \triangleq 100\,\%$

$300{,}00 \text{ EUR} - 60{,}00 \text{ EUR} = 240{,}00 \text{ EUR} \triangleq 80\,\%$

oder schneller: $\frac{60{,}00}{20} \cdot (100-20) = \frac{60{,}00}{20} \cdot 80 = 240{,}00 \text{ EUR}$

INFO: Bearbeitung von Rechnungen

Skonto

Skonto ist eine spezielle Form des Preisnachlasses und wird in den **Zahlungsbedingungen** vereinbart. Wenn eine Rechnung innerhalb einer bestimmten Frist bezahlt wird (beispielsweise innerhalb von 7 Tagen nach Rechnungsdatum) gewährt der Lieferant in manchen Fällen einen Preisnachlass – dies nennt man Skonto. Die Berechnung des Skontos erfolgt vom **Rechnungsbetrag (= 100 %)**.

Üblicherweise beträgt das Skonto zwei bis drei Prozent des Rechnungsbetrags. Bezahlt man die Rechnung also innerhalb der Skontofrist, muss man einen geringeren Betrag überweisen als auf der Rechnung angegeben ist.

Beispiel: Für eine Bezahlung innerhalb von 10 Tagen erhalten Sie 2 % Skonto. Sie überweisen die ***Verbindlichkeit*** *in Höhe von 2.500,00 EUR innerhalb der Skontofrist. Ermitteln Sie den Überweisungsbetrag.*

$$2.500{,}00 \text{ EUR} \mathrel{\hat{=}} 100\,\% \quad \Rightarrow \quad \frac{2.500{,}00}{100} \cdot 2 = 50{,}00 \text{ EUR} \mathrel{\hat{=}} 2\,\%$$

$$2.500{,}00 \text{ EUR} - 50{,}00 \text{ EUR} = 2.450{,}00 \text{ EUR} \mathrel{\hat{=}} 98\,\%$$

oder schneller: $\frac{2.500{,}00}{100} \cdot (100 - 2) = \frac{2.500{,}00}{100} \cdot 98 = 2.450{,}00 \text{ EUR}$

Umsatzsteuer

Wenn ein Unternehmen eine Ware oder eine Dienstleitung in Rechnung stellt, dann fällt darauf eine Steuer an. Im kaufmännischen Sinne spricht man von der **Umsatzsteuer**. Die Höhe der Umsatzsteuer[1] wird prozentual vom **Nettopreis (= 100 %)** ermittelt.

	Nettopreis	**100 %**
+	**Umsatzsteuer**	**19 %**
=	**Bruttopreis**	**119 %**

Berechnung der Umsatzsteuer, falls der **Nettopreis (= 100 %) gegeben** ist:

$$\textit{Nettopreis} \mathrel{\hat{=}} 100\,\% \quad \Rightarrow \quad \frac{\textit{Nettopreis}}{100} \cdot 19 = \textit{Umsatzsteuer}$$

Berechnung der Umsatzsteuer, falls der **Bruttopreis (= 119 %) gegeben** ist:

$$\textit{Bruttopreis} \mathrel{\hat{=}} 119\,\% \quad \Rightarrow \quad \frac{\textit{Bruttopreis}}{119} \cdot 19 = \textit{Umsatzsteuer}$$

1 In Deutschland gibt es zurzeit zwei unterschiedliche Umsatzsteuersätze: den Regelsteuersatz in Höhe von 19 % und den ermäßigten Steuersatz in Höhe von 7 %. Der ermäßigte Steuersatz wird nur für bestimmte Waren und Dienstleistungen verwendet, z. B. manche Lebensmittel, Bücher und Zeitungen, Kunstgegenstände und Hotelübernachtungen.

Aktivbereich

Auf Ihrem Schreibtisch befinden sich noch zwei Rechnungen, die Sie bearbeiten müssen. Bei der ersten Rechnung handelt es sich um eine **Eingangsrechnung (ER)** für eine Holzlieferung. Die Bezahlung soll noch heute ausgeführt werden, damit man einen Skontoabzug erhält. Die zweite Rechnung ist eine **Ausgangsrechnung (AR)**. Hier wurde bei der Abnahme eines Einbauschranks ein nachträglicher Rabatt vereinbart.

Eingangsrechnung

Zu Beginn der Woche hat ein Lieferant neues Holz geliefert. Die dazugehörende **Verbindlichkeit** beträgt 4.450,00 EUR. Bei einer Bezahlung innerhalb von 7 Tagen gewährt der Lieferant einen Skontoabzug in Höhe von 2 % auf den Rechnungsbetrag.

Berechnen Sie, welcher Betrag nach Skontoabzug überwiesen werden muss.

Ausgangsrechnung

Mit dem Kunden wurde vereinbart, dass auf einen Einbauschrank ein Rabatt in Höhe von 5 % gewährt wird. Ursprünglich betrug die **Forderung** 3.500,00 EUR (netto).

Berechnen Sie den Preisnachlass, den neuen Nettopreis und den nun zu zahlenden Bruttopreis.

Übungsaufgaben

Aufgabe 1

Beim Kauf neuer Büromöbel erhalten Sie 30 % Rabatt auf den Listenpreis in Höhe von 2.800,00 EUR.

Berechnen Sie den Rabatt in Euro und den ermäßigten Preis.

Aufgabe 2

Einen offenen Rechnungsbetrag über 1.800,00 EUR überweisen Sie unter Abzug von 2 % Skonto innerhalb der Skontofrist.

Berechnen Sie den Skontobetrag in Euro und den ermäßigten Rechnungsbetrag.

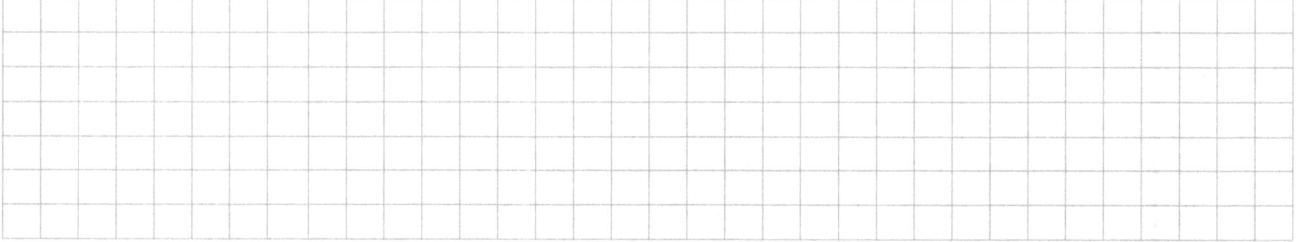

Aufgabe 3

Sie erhalten eine **Eingangsrechnung** für den Kauf von Büromaterial im Wert von 309,40 EUR (inklusive Umsatzsteuer).

Berechnen Sie den Nettopreis und die Höhe der Umsatzsteuer.

Aufgabe 4

Der Listenpreis für einen neuen Drucker beträgt 270,00 EUR. Sie können einen Rabatt in Höhe von 12,50 % geltend machen.

Berechnen Sie den Rabatt in Euro und den ermäßigten Preis.

Aufgabe 5

Sie verkaufen gebrauchte Büroausstattung im Wert von 480,00 EUR (netto, zuzüglich Umsatzsteuer).

Berechnen Sie den Bruttopreis und die Höhe der Umsatzsteuer.

Aufgabe 6

Ein Kunde macht 3 % Skonto geltend und überweist innerhalb der Skontofrist 2.425,00 EUR.

Berechnen Sie den ursprünglichen Rechnungsbetrag und die Höhe des Skontobetrags.

Aufgabe 7

Der Nettopreis für die Lieferung neuer Tablets beträgt 6.400,00 EUR (netto, zuzüglich Umsatzsteuer).

Berechnen Sie den Bruttopreis und die Höhe der Umsatzsteuer.

Aufgabe 8

Der Bruttopreis für den Verkauf eines gebrauchen Firmenwagens beträgt 8.568,00 EUR.

Berechnen Sie den Nettobetrag und die Höhe der Umsatzsteuer.

Aufgabe 9

Einen ausstehenden Rechnungsbetrag über 690,00 EUR überweisen Sie noch innerhalb der Skontofrist und können auf diese Weise einen Abzug in Höhe von 2 % geltend machen.

Berechnen Sie den Skontobetrag in Euro und den ermäßigten Rechnungsbetrag.

Aufgabe 10

Beim Kauf neuer Werbemittel erhalten Sie 7,50 % Rabatt auf den Listenpreis in Höhe von 450,00 EUR.

Berechnen Sie den Rabatt in Euro und den ermäßigten Preis.

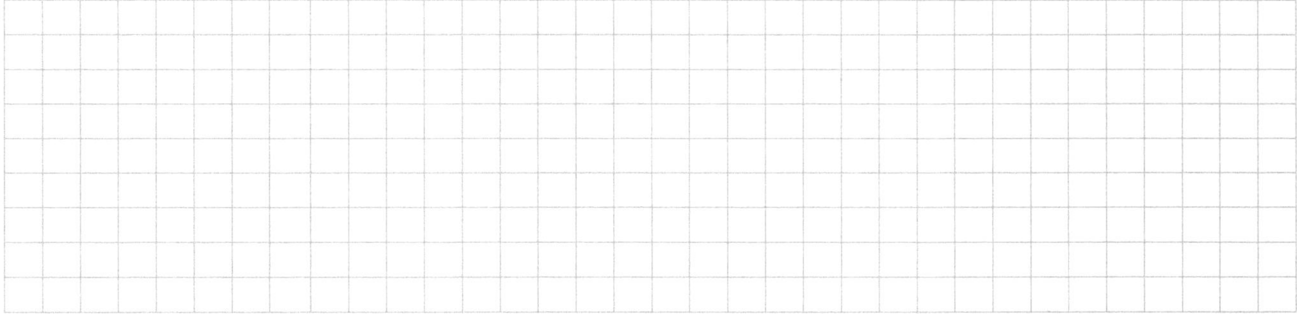

Aufgabe 11

Beim Kauf einer Verkaufstheke erhalten Sie 12 % Rabatt auf den Listenpreis in Höhe von 1.100,00 EUR.

Berechnen Sie den Rabatt in Euro und den ermäßigten Preis.

Aufgabe 12

Ein Kunde überweist 1.406,50 EUR. Er hat dabei einen Abzug von 3 % Skonto innerhalb der Skontofrist geltend gemacht.

Berechnen Sie den Skontobetrag in Euro und den ursprünglichen Rechnungsbetrag.

Aufgabe 13

Sie erhalten eine **Eingangsrechnung** für den Kauf eines neuen Schreibtisches im Wert von 493,85 EUR (inklusive Umsatzsteuer).

Berechnen Sie den Nettopreis und die Höhe der Umsatzsteuer.

Aufgabe 14

Der Listenpreis für Ihre neue Arbeitskleidung beträgt 180,00 EUR. Sie haben die Möglichkeit, einen Rabatt in Höhe von 14 % geltend zu machen.

Berechnen Sie den Rabatt in Euro und den ermäßigten Preis.

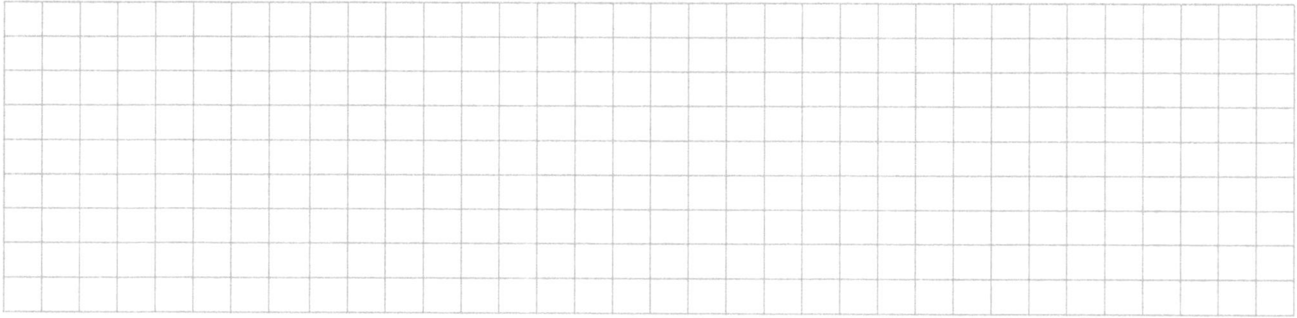

Aufgabe 15

Sie verkaufen einen gebrauchten Firmenwagen im Wert von 8.700,00 EUR (netto, zuzüglich Umsatzsteuer).

Berechnen Sie den Bruttopreis und die Höhe der Umsatzsteuer.

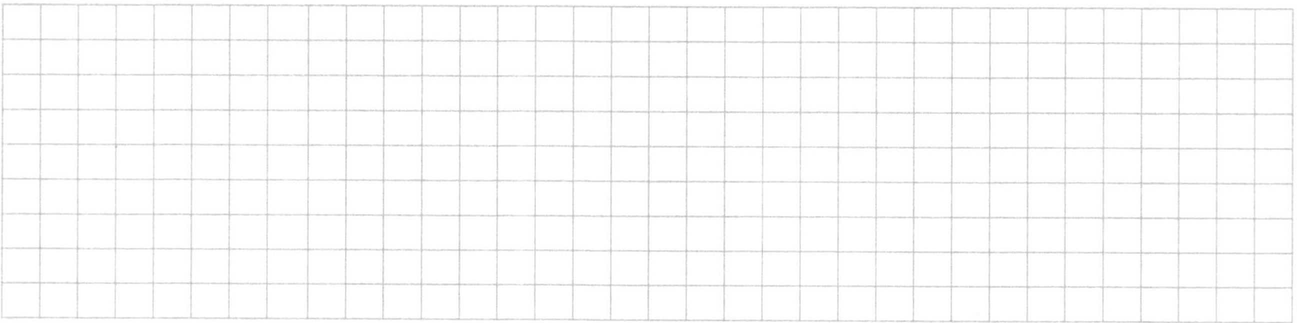

Aufgabe 16

Ein Kunde macht 2 % Skonto geltend und überweist innerhalb der einwöchigen Skontofrist 8.428,00 EUR.

Berechnen Sie den ursprünglichen Rechnungsbetrag und die Höhe des Skontobetrags.

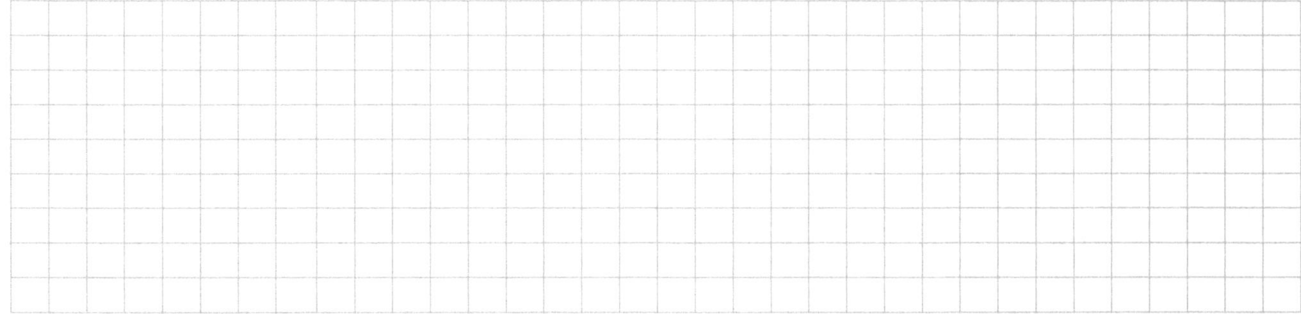

Aufgabe 17

Der Nettopreis für die Lieferung neuer Waren beträgt 58.900,00 EUR (netto, zuzüglich Umsatzsteuer).

Berechnen Sie den Bruttopreis und die Höhe der Umsatzsteuer.

Aufgabe 18

Der Bruttopreis für den Verkauf der veralteten Büroausstattung beträgt 3.927,00 EUR.

Berechnen Sie den Nettobetrag und die Höhe der Umsatzsteuer.

Aufgabe 19

Einen ausstehenden Rechnungsbetrag über 18.700,00 EUR überweisen Sie innerhalb der fünftägigen Skontofrist und können auf diese Weise einen Abzug in Höhe von 2 % geltend machen.

Berechnen Sie den Skontobetrag in Euro und den ermäßigten Rechnungsbetrag.

Aufgabe 20

Beim Einkauf von Waren bietet Ihnen der Verkäufer einen Rabatt an. Der Listenpreis in Höhe von 780,00 EUR würde sich dadurch um 22 % ermäßigen.

Berechnen Sie den Rabatt in Euro und den ermäßigten Preis.

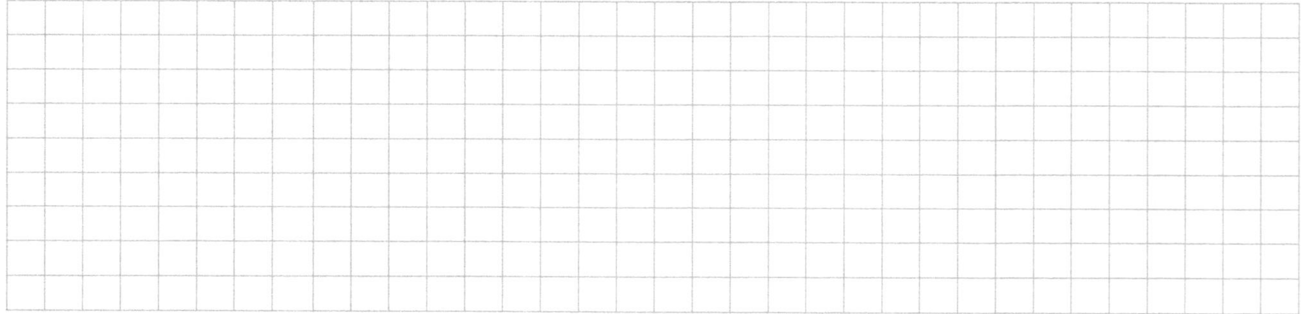

Aufgabe 21

Für den Verkauf diverser Waren versenden Sie eine **Ausgangsrechnung** über 17.374,00 EUR. Der Rechnungsbetrag ist brutto, inklusive 19 % Umsatzsteuer.

Berechnen Sie den Nettopreis und die Höhe der Umsatzsteuer.

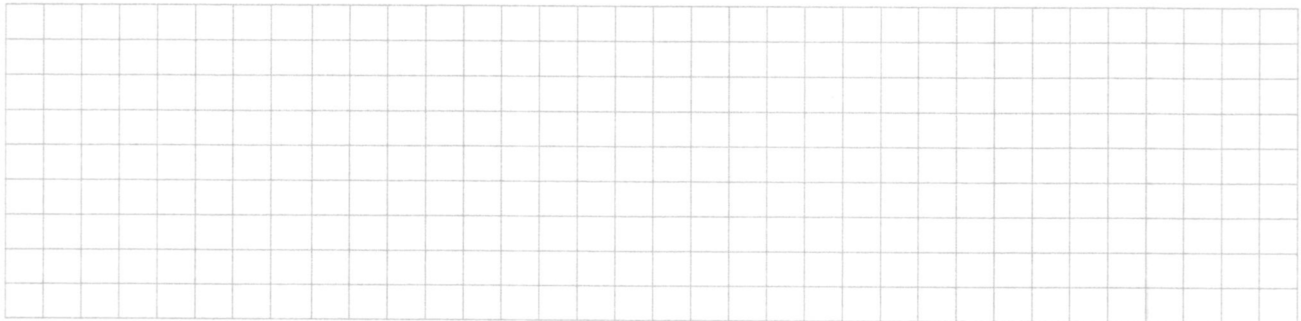

Aufgabe 22

Beim Kauf neuer Laptops für Ihre Außendienstmitarbeiter erhalten Sie einen Rabatt in Höhe von 21 % auf den Listenpreis. Dank des Rabatts zahlen Sie nun lediglich 3.318,00 EUR.

Berechnen Sie den ursprünglichen Preis und die Höhe des erhaltenen Rabatts in Euro.

Aufgabe 23

Sie erhalten ein Angebot über den Kauf neuer Bürostühle. Der Nettowert beträgt 4.800,00 EUR. Bei erfolgter Bestellung bietet Ihnen der Verkäufer einen Rabatt in Höhe von 20 %.

Berechnen Sie erst den ermäßigten Nettopreis, der sich nach dem Abzug des Rabatts ergibt, und den neuen Bruttopreis.

Aufgabe 24

Sie erhalten eine **Eingangsrechnung** über den Kauf eines neuen Laptops in Höhe von 773,50 EUR (brutto inklusive Umsatzsteuer). Laut Zahlungsbedingungen ist bei einer Zahlung innerhalb von 10 Tagen ein Skontoabzug in Höhe 2 % möglich.

Berechnen Sie den Nettopreis und den Überweisungsbetrag, falls die Rechnung innerhalb der Skontofrist beglichen wird.

Aufgabe 25

Ihr Unternehmen möchte eine neue Produktionsmaschine anschaffen. Der Nettowert der Maschine beträgt 9.600,00 EUR. Der Verkäufer bietet Ihnen einen Rabatt in Höhe von 15 % an.

Berechnen Sie erst den ermäßigten Nettopreis, der sich nach dem Abzug des Rabatts ergibt, und anschließend den neuen Bruttopreis.

Aufgabe 26

Ihnen liegt eine **Eingangsrechnung** über den Kauf von Büromaterial in Höhe von 480,00 EUR vor (netto zuzüglich Umsatzsteuer). Laut der vereinbarten Zahlungsbedingungen ist bei einer Zahlung innerhalb von 10 Tagen ein Skontoabzug in Höhe 2,50 % möglich.

Berechnen Sie erst den Bruttopreis (inklusive Umsatzsteuer) und anschließend den Überweisungsbetrag, falls die Rechnung innerhalb der Skontofrist beglichen wird.

Aufgabe 27

Ein langjähriger Kunde möchte Waren im Wert von 7.700,00 EUR (netto zuzüglich Umsatzsteuer) bestellen. Aufgrund der langen Geschäftsbeziehung würden Sie einen Rabatt in Höhe von 10 % gewähren.

Berechnen Sie den ermäßigten Nettopreis, der sich nach dem Abzug des Rabatts ergibt und anschließend den neuen Bruttopreis.

Zusatzaufgaben

Aufgabe 28

Im Lager eines Großhandels für Wander- und Outdoorbekleidung befanden sich zu Beginn des Monats 1.100 Paar Wanderschuhe. Der Lagerbestand hat im Laufe des Monats um 17 % abgenommen.

Berechnen Sie den Lagerbestand zum Monatsende.

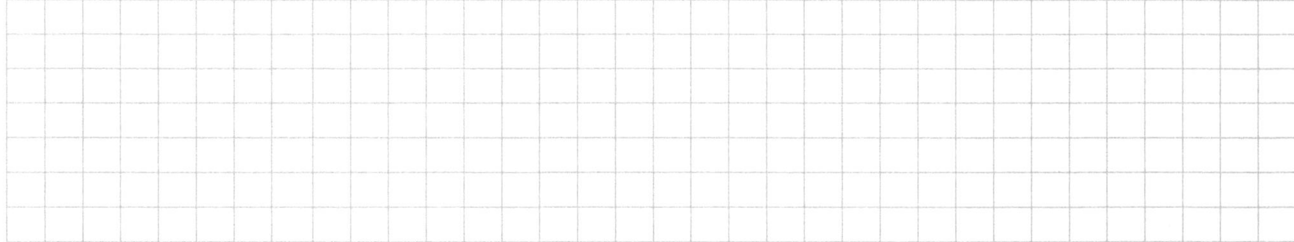

Aufgabe 29

Ein Friseurladen konnte seinen monatlichen **Umsatz** auf 6.944,00 EUR erhöhen. Im Vergleich zum Vormonat ist dies eine Umsatzsteigerung um 12 %.

Berechnen Sie den Umsatz des Vormonats in Euro und die Umsatzsteigerung in Euro.

Aufgabe 30

Der Online-Shop eines Elektronikfachgeschäftes erzielte im 1. Quartal des Jahres einen **Umsatz** in Höhe 45.000,00 EUR. Dies entspricht 32 % des Gesamtumsatzes des 1. Quartals.

Berechnen Sie den Gesamtumsatz des 1. Quartals.

Aufgabe 31

In einer Arztpraxis wurden im 1. Quartal des Jahres 480 Personen behandelt. Im zweiten Quartal war ein leichter Rückgang zu beobachten. Hier waren es lediglich 462 Personen.

Berechnen Sie, um wie viel **Prozent** die Anzahl der behandelten Personen zurückgegangen ist.

Aufgabe 32

Ein Möbelhaus bietet seit wenigen Wochen Rabatte für Stammkunden an. Um Stammkunde zu werden, muss man sich auf der Homepage des Möbelhauses registrieren. In diesem Monat ist die Zahl der Stammkunden um 357 gewachsen. Dies entspricht einem Zuwachs von 3,40 %.

Berechnen Sie, über wie viele Stammkunden das Möbelhaus nun verfügt.

Aufgabe 33

Die Angestellte eines Supermarkts erhält eine Gehaltserhöhung. Ihr Nettogehalt betrug ursprünglich 2.390,00 EUR. In Zukunft werden ihr monatlich 2.435,41 EUR ausgezahlt.

Berechnen Sie, um wie viel **Prozent** sich der Nettolohn erhöht hat.

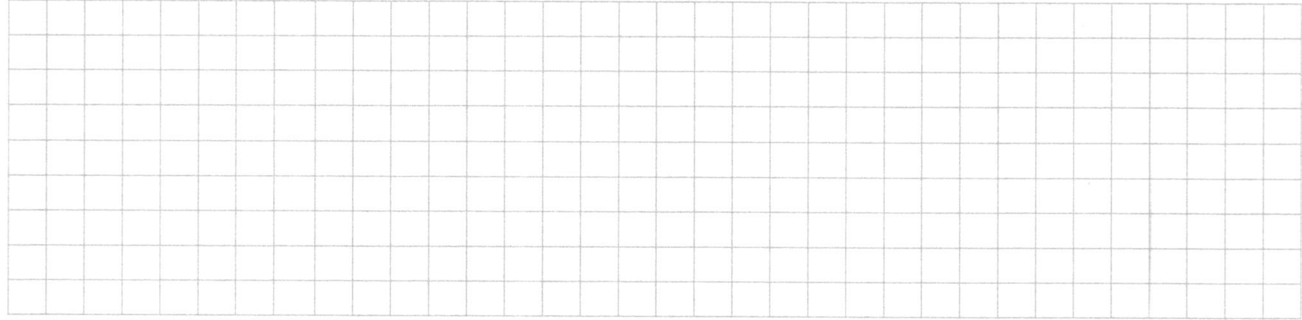

Aufgabe 34

Ein Fahrradgeschäft verfügt über eine große Ausstellungsfläche. Dort können sich die Kunden 342 unterschiedliche Fahrräder anschauen und auch Probe fahren. Auf der Ausstellungsfläche befindet sich jedoch nur ein Teil der vorrätigen Fahrräder. 71,50 % der vorrätigen Fahrräder befinden sich im Lager.

Berechnen Sie die Gesamtanzahl der vorrätigen Fahrräder.

Aufgabe 35

Die Umsatzerwartung eines Unternehmens wurde im vergangenen Geschäftsjahr weit übertroffen. Anstatt der **kalkulierten** 782.500,00 EUR wurde ein **Umsatz** in Höhe von 989.080,00 EUR erzielt.

Berechnen Sie, um wie viel **Prozent** die Umsatzerwartung übertroffen wurde.

Aufgabe 36

Die **Aktie** eines Automobilherstellers hat im Laufe des Tages 1,24 % an Wert verloren.
Zu Beginn des Handelstages lag der Wert bei 151,78 EUR.

Berechnen Sie den aktuellen Aktienkurs *(runden Sie sinnvoll).*

Aufgabe 37

Für ein Neubauprojekt wurde ein **Budget** in Höhe von 18 Millionen EUR **kalkuliert**. Bereits während der ersten Bauphase zeigt sich, dass der Neubau wesentlich teurer wird als angenommen. Laut einer neuen **Kalkulation** werden die Kosten mindestens 28.440.000 EUR betragen.

Berechnen Sie, um wie viel **Prozent** sich die Kosten für das Neubauprojekt erhöhen.

Aufgabe 38

In einer Getränkeabfüllung werden stündlich bis zu 43.000 PET-Pfandflaschen gereinigt und desinfiziert. Leider können nicht alle Flaschen erneut befüllt werden. 3,7 % der Flaschen werden aussortiert und anschließend recycelt.

Berechnen Sie, wie viele PET-Flaschen stündlich aussortiert werden.

Aufgabe 39

Die **Aktie** eines Energieversorgers hat im Laufe des Tages 2,24 % an Wert gewonnen.
Der aktuelle Kurswert beträgt nun 43,40 EUR.

Berechnen Sie, wie hoch der Kursgewinn in Euro ist *(runden Sie sinnvoll).*

Aufgabe 40

Der **Umsatz** eines Sportgeschäfts stieg im Vergleich zum Vorjahr um 8 % auf 449.280,00 EUR.

Berechnen Sie den Umsatz des Vorjahres und die Umsatzsteigerung in Euro.

Aufgabe 41

Ein zwölfstöckiges Bürogebäude verfügt über 5.200 m^2 Bürofläche. Aktuell sind lediglich 70 % der verfügbaren Fläche vermietet. Ab dem kommenden Monat hat eine Steuerberatungsbüro 364 m^2 angemietet.

Berechnen Sie, wie viel Bürofläche in m^2 ab dem kommenden Monat vermietet ist.

Berechnen Sie, wie viel **Prozent** der Bürofläche ab dem kommenden Monat vermietet ist.

Aufgabe 42

In den ersten drei Wochen nach Schulbeginn führte die Polizei einer Großstadt 540.000 Geschwindigkeitsmessungen durch. Insgesamt wurden bei 2,4 % der Fahrerinnen und Fahrer eine Geschwindigkeitsüberschreitung festgestellt. Bei 810 Personen wurde sogar ein Bußgeldverfahren eingeleitet.

Berechnen Sie, bei wie vielen Autos eine Geschwindigkeitsüberschreitung gemessen wurde.

Berechnen Sie, bei wie viel **Prozent** der Geschwindigkeitsüberschreitungen ein Bußgeldverfahren eingeleitet wurde.

Notizen/Merksätze/Lernhilfen

Kapitel 5 Bezugspreiskalkulation (Quantitativer Angebotsvergleich)

Einführungssituation

Die *S&L Twin Hoch- und Tiefbau GmbH* ist ein Bauunternehmen aus Hennef (Sieg). Der Fokus liegt auf dem Neubau und der Sanierung von Straßen. Überdies hat sich das Unternehmen auf die Planung und Errichtung von Ingenieurbauten wie Brücken und Tunnel spezialisiert.

Im Sommer haben Sie bei der *S&L Twin Hoch- und Tiefbau GmbH* eine Ausbildung zum Industriekaufmann bzw. zur Industriekauffrau begonnen. In der Abteilung Einkauf sind Sie an der Beschaffung von Baumaterialien beteiligt. Eine Ihrer Aufgaben besteht darin, die Angebote unterschiedlicher Lieferanten zu vergleichen. Ein entscheidender Vergleichswert ist zum Beispiel der Bezugspreis.

INFO: Bezugspreis

Für die korrekte Kalkulation des Bezugspreises muss man gegebenenfalls erhaltene Rabatte, Skonto und die Höhe der anfallenden Bezugskosten beachten. Um die Berechnungen der Reihe nach fehlerfrei durchzuführen, bietet sich eine tabellarische Bezugspreiskalkulation an. Innerhalb der Bezugspreiskalkulation muss man zwischen den folgenden Begriffen unterscheiden:

Listeneinkaufspreis	Der **Listeneinkaufspreis** ist ein vom Verkäufer bestimmter Preis für seine Güter. Dieser Preis ist in vielen Fällen jedoch noch verhandelbar und lässt sich durch Rabatte reduzieren. Der Listenpreis dient als Grundlage zur Berechnung von möglichen Rabatten.
Zieleinkaufspreis	Wird ein Rabatt gewährt und zieht man den Rabattbetrag vom Listeneinkaufspreis ab, so erhält man den **Zieleinkaufspreis.** Den Zieleinkaufspreis (oder auch Rechnungsbetrag) muss der Kunde bis zu dem auf der Rechnung angegebene Termin bezahlen. Diesen Termin nennt man Zahlungsziel – daher der Begriff Zieleinkaufspreis. Der Zieleinkaufspreis dient als Grundlage zur Berechnung des Skontobetrags.
Bareinkaufspreis	Wird Skonto gewährt und zieht man den Skontobetrag vom Zieleinkaufspreis ab, so ergibt sich der **Bareinkaufspreis**. In der Regel erhält man Skonto, wenn man eine Rechnung zügig bzw. in einer bestimmten Frist bezahlt. Bevor es elektronische Zahlungsmittel gab, bezahlte man deshalb eine Rechnung direkt an Ort und Stelle mit Bargeld – daher der Begriff Bareinkaufspreis.
Bezugspreis	Wenn ein Kunde sich Waren liefern lässt, dann entstehen neben dem Einkaufspreis oft weitere Kosten in Form von Transportkosten, Verpackungskosten, Versicherungen oder Zöllen. Diese Kosten nennt man Bezugskosten. Der **Bezugspreis** setzt sich zusammen aus dem Einkaufspreis und den anfallenden Bezugskosten.

Aktivbereich

Leider erwies sich der bisherige Kies-Lieferant als unzuverlässig, weshalb man sich auf der Suche nach einem neuen Lieferanten befindet. Nachdem man verschiedene Lieferanten bezüglich qualitativer Kriterien (Produktqualität, Zuverlässigkeit, Lieferzeit) geprüft hat, haben es zwei Angebote in die engere Auswahl geschafft. Für die Lieferung von 120 t Frostschutzkies möchte man sich nun für das kostengünstigere Angebot entscheiden.

Ermitteln Sie anhand der folgenden Informationen das günstigste Angebot.

Angebot 1:	*EGB-Baustoffe GmbH*	
	Preis je t:	14,50 EUR (zzgl. 19 % Umsatzsteuer)
	Rabattstaffelung:	ab 100 t: 5 % / ab 200 t: 10 %
	Bezugskosten:	Lieferung erfolgt unfrei 4,50 EUR je t
	Zahlungsbedingung:	Zahlbar innerhalb von 30 Tagen netto Kasse Bei Zahlung innerhalb von 7 Tagen: 2 % Skonto
Angebot 2:	*Baustoffzentrum Bonn OHG*	
	Preis je t:	15,20 EUR (zzgl. 19 % Umsatzsteuer
	Rabattstaffelung:	ab 100 t: 10 % / ab 200 t: 15 %
	Bezugskosten:	Lieferung erfolgt unfrei 1,80 EUR je t zzgl. 270,00 EUR
	Zahlungsbedingung:	Zahlbar innerhalb von 30 Tagen netto Kasse Bei Zahlung innerhalb von 8 Tagen: 3 % Skonto

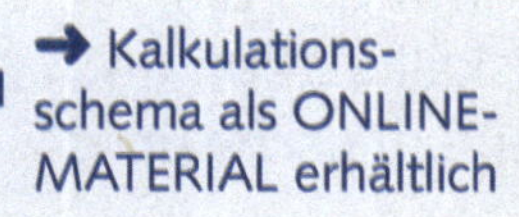

	Angebot 1		Angebot 2	
	EUR	**Prozent**	**EUR**	**Prozent**
Listeneinkaufspreis je t (netto)				
Listeneinkaufspreis (netto)				
– Lieferrabatt				
= Zieleinkaufspreis				
– Lieferskonto				
= Bareinkaufspreis				
+ Bezugskosten				
= Bezugspreis				
⇨ *Bezugspreis je t (netto)*				

Übungsaufgaben

Aufgabe 1

Ein Unternehmen aus der Solarzellen-Branche befindet sich auf die Suche nach einem neuen Rohstofflieferanten für Polysilizium (das ist ein Rohstoff, der für die Herstellung von Solarzellen benötigt wird). Aktuell befinden sich zwei Angebote in der engeren Auswahl. Für die Lieferung von 1,5 t Polysilizium möchte man sich für das kostengünstigere Angebot entscheiden.

Ermitteln Sie anhand der folgenden Informationen das günstigste Angebot.

Angebot 1: *Olbi-Chemie AG*

Preis je kg:	15,20 EUR (zzgl. 19 % Umsatzsteuer)
Rabattstaffelung:	ab 500 kg: 5 % / ab 1.000 kg: 10 % / ab 2.000 kg: 15 %
Bezugskosten:	Lieferung erfolgt unfrei 750,00 EUR (bis maximal 1.500 kg) 1.350,00 EUR (bis maximal 3.000 kg)
Zahlungsbedingung:	Zahlbar innerhalb von 30 Tagen netto Kasse Bei Zahlung innerhalb von 7 Tagen: 2 % Skonto

Angebot 2: *ChemTiffi AG*

Preis je kg:	14,80 EUR (zzgl. 19 % Umsatzsteuer)
Rabatt:	ab Warenwert > 20.000,00 EUR: 5 %
Bezugskosten:	Lieferung erfolgt unfrei Verpackung: 0,40 EUR je kg / Transportkosten: 450,00 EUR
Zahlungsbedingung:	Zahlbar innerhalb von 45 Tagen netto Kasse Bei Zahlung innerhalb von 8 Tagen: 2 % Skonto

	Angebot 1		Angebot 2	
	EUR	**Prozent**	**EUR**	**Prozent**
Listeneinkaufspreis je kg (netto)				
Listeneinkaufspreis (netto)				
– Lieferrabatt				
= Zieleinkaufspreis				
– Lieferskonto				
= Bareinkaufspreis				
+ Bezugskosten				
= Bezugspreis				
⇨ *Bezugspreis je kg (netto)*				

Aufgabe 2

Ein Versicherungsbüro wird regelmäßig mit Kopierpapier beliefert. Der Lieferumfang beträgt stets 15 Kartons á 5 Packungen zu je 500 Blatt. Da der aktuelle Liefervertrag ausläuft, wurden neue Angebote eingeholt. Es liegen die Angebote von zwei Lieferanten vor.

Ermitteln Sie anhand der folgenden Informationen das günstigste Angebot.

Angebot 1:	*Office 3000 GmbH*	Kopierpapier DIN A4, 80 g/qm, weiß, 500 Blatt/Packung
	Listenpreis je Packung:	5,00 EUR (zzgl. 19 % Umsatzsteuer)
	Rabattstaffelung:	ab 20 Packungen: 4 % / ab 100 Packungen: 8 %
	Bezugskosten:	Lieferung erfolgt unfrei 9,45 EUR je Lieferung
	Zahlungsbedingung:	Zahlbar innerhalb von 30 Tagen netto Kasse Bei Zahlung innerhalb von 7 Tagen: 2 % Skonto
Angebot 2:	*Bürobedarf Poldi OHG*	Kopierpapier DIN A4, 80 g/qm, weiß, 250 Blatt/Packung
	Listenpreis je Packung:	2,60 EUR (zzgl. 19 % Umsatzsteuer)
	Mengenrabatt:	ab 100 Packungen: 10 %
	Bezugskosten:	Lieferung erfolgt unfrei 12,03 EUR je Lieferung
	Zahlungsbedingung:	Zahlbar innerhalb von 30 Tagen netto Kasse Bei Zahlung innerhalb von 10 Tagen: 3 % Skonto

	Angebot 1		Angebot 2	
	EUR	**Prozent**	**EUR**	**Prozent**
Listeneinkaufspreis je Packung (netto)				
Listeneinkaufspreis (netto)				
– Lieferrabatt				
= Zieleinkaufspreis				
– Lieferskonto				
= Bareinkaufspreis				
+ Bezugskosten				
= Bezugspreis				
⇨ *Bezugspreis je Packung (netto)*				

Aufgabe 3

Ein Essener Unternehmen aus dem Garten- und Landschaftsbau benötigt für die Anlegung eines Weges Basaltsand in der Körnung bis 5 mm. Insgesamt kalkuliert man mit einer Bestellmenge in Höhe von 50 t. Es liegen die Angebote von zwei unterschiedlichen Lieferanten vor.

Ermitteln Sie anhand der folgenden Informationen das günstigste Angebot.

Angebot 1: *Baustoffzentrum Itzehoe OHG*

Listenpreis je t:	29,50 EUR (zzgl. 19 % Umsatzsteuer)
Rabattstaffelung:	ab 10 t: 4 % / ab 25 t: 8 %
Bezugskosten:	Lieferung erfolgt unfrei 8,50 EUR je t
Zahlungsbedingung:	Zahlbar innerhalb von 30 Tagen netto Kasse Bei Zahlung innerhalb von 10 Tagen: 2 % Skonto

Angebot 2: *Baumaterial Degen GmbH*

Listenpreis je t:	32,00 EUR (zzgl. 19 % Umsatzsteuer)
Rabatt:	ab Warenwert > 1.500,00 EUR: 10 %
Bezugskosten:	Lieferung erfolgt unfrei 6,56 EUR je t
Zahlungsbedingung:	Zahlbar innerhalb von 30 Tagen netto Kasse Bei Zahlung innerhalb von 5 Tagen: 2 % Skonto

	Angebot 1			Angebot 2		
	EUR	Prozent		EUR	Prozent	
Listeneinkaufspreis je t (netto)						
Listeneinkaufspreis (netto)						
– Lieferrabatt						
= Zieleinkaufspreis						
– Lieferskonto						
= Bareinkaufspreis						
+ Bezugskosten						
= Bezugspreis						
⇨ *Bezugspreis je t (netto)*						

Aufgabe 4

Eine Arztpraxis führt auch ambulante Operationen durch. Da sich der Vorrat an Venenverweilkanülen dem Ende neigt, wurden Angebote von zwei unterschiedlichen Lieferanten eingeholt. Insgesamt sollen 4.200 Venenverweilkanülen geordert werden.

Ermitteln Sie anhand der folgenden Informationen das günstigste Angebot.

Angebot 1: *BobanacMed OHG*

Listenpreis je Stück:	0,80 EUR (zzgl. 19 % Umsatzsteuer)
Rabattstaffelung:	ab Warenwert > 2.500,00 EUR: 5 % ab Warenwert > 5.000,00 EUR: 10 %
Bezugskosten:	Versandkosten (pauschal): 49,95 EUR Verpackungskosten (pauschal): 13,89 EUR
Zahlungsbedingung:	Zahlbar innerhalb von 45 Tagen netto Kasse Bei Zahlung innerhalb von 10 Tagen: 2 % Skonto

Angebot 2: *ChristaCare GmbH*

Listenpreis je Stück:	0,85 EUR (zzgl. 19 % Umsatzsteuer)
Mengenrabatt:	ab 4.000 Stück: 10 %
Bezugskosten:	Lieferung erfolgt unfrei Pauschale für Verpackung und Versand: 50,19 EUR
Zahlungsbedingung:	Zahlbar innerhalb von 30 Tagen netto Kasse Bei Zahlung innerhalb von 7 Tagen: 3 % Skonto

	Angebot 1		Angebot 2	
	EUR	**Prozent**	**EUR**	**Prozent**
Listeneinkaufspreis je Stück (netto)				
Listeneinkaufspreis (netto)				
– Lieferrabatt				
= Zieleinkaufspreis				
– Lieferskonto				
= Bareinkaufspreis				
+ Bezugskosten				
= Bezugspreis				
⇨ *Bezugspreis je Stück (netto)*				

Aufgabe 5

Ein Sportartikelfachgeschäft bietet im Rahmen einer Frühjahrsaktion erstmalig verschiedene Outdoor- und Campingartikel an. Unter anderem sollen auch 3-Personen-Zelte angeboten werden. Aktuell liegen Angebote von zwei unterschiedlichen Lieferanten vor. Bei den Zelten handelt es sich um qualitativ gleichwertige Zelte. Der Bezugspreis soll als entscheidendes Kriterium herangezogen werden. Die geplante Bestellmenge beträgt 80 Stück.

Ermitteln Sie anhand der folgenden Informationen das günstigste Angebot.

Angebot 1: *Outdoor Rhein-Sieg GmbH*

Listenpreis je Stück:	130,00 EUR (zzgl. 19 % Umsatzsteuer)
Rabattstaffelung:	ab Warenwert > 5.000,00 EUR: 10 % ab Warenwert > 10.000,00 EUR: 20 %
Bezugskosten:	Verpackung & Versand: 65,60 EUR
Zahlungsbedingung:	Zahlbar innerhalb von 30 Tagen netto Kasse Bei Zahlung innerhalb von 5 Tagen: 2 % Skonto

Angebot 2: *Camping Cisco OHG*

Listenpreis je Stück:	120,00 EUR (zzgl. 19 % Umsatzsteuer)
Rabatt:	Neukundenrabatt: 5 % Mengenrabatt ab 100 Stück: 10 %
Bezugskosten:	Lieferung erfolgt unfrei Pauschale für Verpackung und Versand: 109,60 EUR
Zahlungsbedingung:	Zahlbar innerhalb von 30 Tagen netto Kasse Bei Zahlung innerhalb von 7 Tagen: 3 % Skonto

	Angebot 1		Angebot 2	
	EUR	**Prozent**	**EUR**	**Prozent**
Listeneinkaufspreis je Stück (netto)				
Listeneinkaufspreis (netto)				
– Lieferrabatt				
= Zieleinkaufspreis				
– Lieferskonto				
= Bareinkaufspreis				
+ Bezugskosten				
= Bezugspreis				
⇨ *Bezugspreis je Stück (netto)*				

Aufgabe 6

Einem Elektronikfachgeschäft liegen zwei unterschiedliche Angebote für Smart-TVs vor. Dabei handelt es sich um identische Geräte (70 Zoll / 4K Ultra HD). Der Bezugspreis soll daher als entscheidendes Kriterium herangezogen werden. Die geplante Bestellmenge beträgt 60 Stück.

Ermitteln Sie anhand der folgenden Informationen das günstigste Angebot.

Angebot 1: *Warehouse24 GmbH*

Listenpreis je Stück:	460,00 EUR (zzgl. 19 % Umsatzsteuer)
Rabattstaffelung:	ab Warenwert > 10.000,00 EUR: 4 % ab Warenwert > 20.000,00 EUR: 8 %
Bezugskosten:	Lieferung erfolgt unfrei Verpackung & Versand: 159,84 EUR
Zahlungsbedingung:	Zahlbar innerhalb von 45 Tagen netto Kasse Bei Zahlung innerhalb von 10 Tagen: 2 % Skonto

Angebot 2: *Wellington Elektronik OHG*

Listenpreis je Stück:	455,00 EUR (zzgl. 19 % Umsatzsteuer)
Rabattstafflung:	ab 50 Stück: 5 % / ab 150 Stück: 10 %
Bezugskosten:	Lieferung erfolgt unfrei Verpackung und Versand: 143,70 EUR
Zahlungsbedingung:	Zahlbar innerhalb von 30 Tagen netto Kasse Bei Zahlung innerhalb von 7 Tagen: 2 % Skonto

	Angebot 1			**Angebot 2**		
	EUR	**Prozent**		**EUR**	**Prozent**	
Listeneinkaufspreis je Stück (netto)						
Listeneinkaufspreis (netto)						
– Lieferrabatt						
= Zieleinkaufspreis						
– Lieferskonto						
= Bareinkaufspreis						
+ Bezugskosten						
= Bezugspreis						
⇨ *Bezugspreis je Stück (netto)*						

Aufgabe 7

Ein Kölner Versicherungskonzern möchte seine Büros mit neuen Schreibtischen ausstatten. Der Bedarf beträgt insgesamt 80 Schreibtische. Laut **Budgetplan** darf der **Bezugspreis** je Schreibtisch 400,00 EUR nicht übersteigen.

Ein möglicher Lieferant bietet folgende **Konditionen** an: einen Rabatt auf den Listenpreis in Höhe von 10 % und einen möglichen Skontoabzug in Höhe von 2 %. Die Bezugskosten würden sich auf insgesamt 350,00 EUR belaufen.

Ermitteln Sie den maximal möglichen Listeneinkaufspreis (netto) eines Schreibtisches *(Rückwärtskalkulation)*.

	EUR	Prozent	
Listeneinkaufspreis je Stück (netto)			
Listeneinkaufspreis (netto)			
– Lieferrabatt			
= Zieleinkaufspreis			
– Lieferskonto			
= Bareinkaufspreis			
+ Bezugskosten			
= Bezugspreis			
⇨ *Bezugspreis je Stück (netto)*			

Aufgabe 8

In einem Neubauprojekt soll auf einer Fläche von 2.000 m² ein Parkettboden (Eiche strukturiert/Landhausdiele) verlegt werden. Damit der Bauträger seine **Budgetvorgaben** einhalten kann, darf der **Bezugspreis** je Quadratmeter 60,00 EUR nicht übersteigen.

Ein möglicher Lieferant bietet folgende **Konditionen** an: einen Rabatt auf den Listenpreis in Höhe von 15 % und einen möglichen Skontoabzug in Höhe von 3 %. Die anfallenden Bezugskosten für Verpackung und Versand belaufen sich auf 100,00 EUR.

Ermitteln Sie den maximal möglichen Listeneinkaufspreis (netto) je Quadratmeter *(Rückwärtskalkulation).*

	EUR	Prozent	
Listeneinkaufspreis je m² (netto)			
Listeneinkaufspreis (netto)			
– Lieferrabatt			
= Zieleinkaufspreis			
– Lieferskonto			
= Bareinkaufspreis			
+ Bezugskosten			
= Bezugspreis			
⇨ *Bezugspreis je m² (netto)*			

Aufgabe 9

Für ein Küchenstudio stehen in den kommenden Wochen 60 Auslieferungstermine an, in denen der Geschirrspüler LD15-SW eingebaut werden soll. Um die Preiskalkulationen einzuhalten, darf der **Bezugspreis** je Geschirrspüler 950,00 EUR nicht übersteigen.

Ein möglicher Lieferant bietet folgende **Konditionen** an: einen Rabatt auf den Listenpreis in Höhe von 20 % und einen möglichen Skontoabzug in Höhe von 2 %. Die anfallenden Bezugskosten für Versicherung und Versand belaufen sich auf 552,50 EUR.

Ermitteln Sie den maximal möglichen Listeneinkaufspreis (netto) je Geschirrspüler *(Rückwärtskalkulation).*

	EUR	Prozent	
Listeneinkaufspreis je Stück (netto)			
Listeneinkaufspreis (netto)			
– Lieferrabatt			
= Zieleinkaufspreis			
– Lieferskonto			
= Bareinkaufspreis			
+ Bezugskosten			
= Bezugspreis			
⇨ *Bezugspreis je Stück (netto)*			

Aufgabe 10

Eine Krankenkasse bietet auf Messen und Events Workshops zu Life Kinetik an. Life Kinetik ist ein körperliches Bewegungstraining, das auf spielerische Art und Weise die Leistungsfähigkeit des Gehirns verbessert. Hierfür benötigt die Krankenkasse viele Jonglierbälle. Diese werden am Ende eines Workshops an die Teilnehmer verschenkt.

Da sich der Vorrat an Jonglierbällen dem Ende zuneigt, müssen 1.000 neue Bälle beschafft werden. Um das zur Verfügung stehende **Budget** einzuhalten, darf der **Bezugspreis** je Jonglierball 0,30 EUR nicht übersteigen.

Ein möglicher Lieferant bietet folgende **Konditionen** an: einen Rabatt auf den Listenpreis in Höhe von 13 % und einen möglichen Skontoabzug in Höhe von 2 %. Die anfallenden Bezugskosten für Verpackung und Versand belaufen sich auf 27,17 EUR.

Ermitteln Sie den maximal möglichen Listeneinkaufspreis (netto) je Jonglierball *(Rückwärtskalkulation).*

	EUR	Prozent	
Listeneinkaufspreis je Stück (netto)			
Listeneinkaufspreis (netto)			
– Lieferrabatt			
= Zieleinkaufspreis			
– Lieferskonto			
= Bareinkaufspreis			
+ Bezugskosten			
= Bezugspreis			
⇨ *Bezugspreis je Stück (netto)*			

Notizen/Merksätze/Lernhilfen

Kapitel 6 Verkaufspreiskalkulation

Einführungssituation

Die *BathPower GmbH* ist ein Großhandel für Badezimmermöbel mit Sitz in Recklinghausen. Die Badezimmermöbel werden in großen Mengen von namhaften Herstellern bezogen und weiterverkauft. Zu den Kunden gehören sowohl klein- und mittelständische Handwerksbetriebe als auch Bauträger (**B2B**-Geschäfte). Die Art der Kundenbedürfnisse ist somit vielfältig: Manchmal werden Möbel für die Renovierung eines einzelnen Badezimmers gebraucht, manchmal eine Badezimmerausstattung für hunderte Wohnungen in einem Großbauprojekt.

Im Sommer haben Sie bei der *BathPower GmbH* eine Ausbildung zum Kaufmann bzw. zur Kauffrau für Groß- und Außenhandel begonnen. Eine Ihrer Tätigkeiten ist es, Käuferanfragen zu bearbeiten und Angebote zu versenden. Da die Gewährung von Kundenrabatten und Kundenskonto in der Regel vom Auftragsumfang abhängt, muss dies bereits bei der Kalkulation der Verkaufspreise berücksichtigt werden. Nur so kann man sicherstellen, dass man auch einen ausreichenden Gewinn erzielt.

INFO: Verkaufspreis

Handelsunternehmen kaufen Waren in großen Mengen ein und verkaufen diese an andere Unternehmen weiter. Die Preise, zu denen die Waren weiterverkauft werden, müssen hoch genug sein, damit alle Kosten (Bezugspreis der Ware + Handlungskosten) abgedeckt sind und auch ein Gewinn erzielt wird (Gewinnzuschlag).

Auch wenn man dem Käufer einen Rabatt oder Skonto gewährt, darf sich der kalkulierte Gewinn dadurch nicht verringern. Um die Berechnungen des Verkaufspreises fehlerfrei durchzuführen, bietet sich eine tabellarische Verkaufspreiskalkulation an.

Handlungskosten	Unter Handlungskosten versteht man alle weiteren Kosten, die dem Unternehmen durch seine unternehmerischen Handlungen entstehen. Das sind unter anderem Kosten für die allgemeine Verwaltung, Löhne und Gehälter, Bürokosten, Raumkosten, Lagerkosten oder Werbekosten. **Bezugspreis + Handlungskosten = Selbstkostenpreis**
Gewinnzuschlag	Das Ziel einer unternehmerischen Tätigkeit besteht in der Regel darin, einen Gewinn zu erzielen. Der gewünschte Gewinn wird auf die Kosten aufgeschlagen. Der Barverkaufspreis eines Produkts setzt sich somit zusammen aus den entstandenen Kosten (Selbstkosten) und dem Gewinnzuschlag. **Selbstkostenpreis + Gewinnzuschlag = Barverkaufspreis**
Verkaufspreis	Unternehmen möchten sich in der Regel die Möglichkeit offenhalten, Rabatte und Skonto zu gewähren. Damit sich durch die Rabatte und das Skonto nicht der gewünschte Gewinn verringert, werden diese in der Kalkulation auf den Barverkaufspreis aufgeschlagen. **Barverkaufspreis + Kundenskonto = Zielverkaufspreis** **Zielverkaufspreis + Kundenrabatt = Nettoverkaufspreis** **Nettoverkaufspreis + Umsatzsteuer = Bruttoverkaufspreis**

Aktivbereich

Ein Bauträger benötigt für ein geplantes Neubauprojekt eine große Anzahl an Waschtischen und bittet daher die *BathPower GmbH* um ein Angebot. Grundsätzlich möchte sich Ihr Arbeitgeber eine Rabattoption von bis zu 20 % und einen Skontoabzug in Höhe von 2 % offenhalten.

Ermitteln Sie anhand der folgenden Informationen den Bruttoverkaufspreis für einen Waschtisch.

Waschtisch Wesslingo / Breite: 80 cm, Tiefe 47 cm / mit Überlauf / weiß alpin
Bezugspreis je Stück 241,50 EUR / Handlungskosten: 60 % / Gewinnzuschlag: 40 %

	EUR	Prozent				
Bezugspreis je Stück						
+ Handlungskosten						
= Selbstkostenpreis						
+ Gewinnzuschlag						
= Barverkaufspreis						
+ Kundenskonto						
= Zielverkaufspreis						
+ Kundenrabatt						
= Nettoverkaufspreis						
+ Umsatzsteuer						
= Bruttoverkaufspreis						

➔ Kalkulationsschema als ONLINE-MATERIAL erhältlich

Übungsaufgaben

Aufgabe 1

Die Firma *Zweirad-Sülz GmbH* hat sich auf den Handel mit Fahrrädern, Fahrradzubehör und Ersatzteilen spezialisiert. Das Unternehmen beliefert ausschließlich Facheinzelhändler (**B2B**-Geschäft). Im **Segment** des Fahrradzubehörs **kalkuliert** man mit 25 % Handlungskosten und einem Gewinnzuschlag in Höhe von 20 %. Grundsätzlich möchte man sich eine Rabattoption von bis zu 20 % und einen Skontoabzug in Höhe von 2 % offenhalten.

Ermitteln Sie den Verkaufspreis für die Standpumpe *BikePump 3.0* (Bezugspreis je Stück 10,40 EUR).

	EUR	Prozent				
Bezugspreis je Stück						
+ Handlungskosten						
= Selbstkostenpreis						
+ Gewinnzuschlag						
= Barverkaufspreis						
+ Kundenskonto						
= Zielverkaufspreis						
+ Kundenrabatt						
= Nettoverkaufspreis						
+ Umsatzsteuer						
= Bruttoverkaufspreis						

Aufgabe 2

Die Firma *Zweirad-Sülz GmbH* hat sich auf den Handel mit Fahrrädern, Fahrradzubehör und Ersatzteilen spezialisiert. Das Unternehmen beliefert ausschließlich Facheinzelhändler (**B2B**-Geschäft). Im **Segment** der Kinderfahrräder **kalkuliert** man mit 15 % Handlungskosten und einem Gewinnzuschlag in Höhe von 10 %. Grundsätzlich möchte man sich eine Rabattoption von bis zu 20 % und einen Skontoabzug in Höhe von 2 % offenhalten.

Ermitteln Sie den Verkaufspreis für das Kinderfahrrad *BMX Star 16 Zoll* (Bezugspreis je Stück 90,00 EUR).

	EUR	Prozent				
Bezugspreis je Stück						
+ Handlungskosten						
= Selbstkostenpreis						
+ Gewinnzuschlag						
= Barverkaufspreis						
+ Kundenskonto						
= Zielverkaufspreis						
+ Kundenrabatt						
= Nettoverkaufspreis						
+ Umsatzsteuer						
= Bruttoverkaufspreis						

Aufgabe 3

Die Firma *Zweirad-Sülz GmbH* hat sich auf den Handel mit Fahrrädern, Fahrradzubehör und Ersatzteilen spezialisiert. Das Unternehmen beliefert ausschließlich Facheinzelhändler (**B2B**-Geschäft). Im **Segment** der Ersatzteile **kalkuliert** man mit 20 % Handlungskosten und einem Gewinnzuschlag in Höhe von 15 %. Grundsätzlich möchte man sich eine Rabattoption von bis zu 20 % und einen Skontoabzug in Höhe von 2 % offenhalten.

Ermitteln Sie den Verkaufspreis für den BMX- und Downhill-Fahrradreifen *AllRide 27,5 x 2,4 DuoTX* (Bezugspreis je Stück 12,50 EUR).

	EUR	Prozent			
Bezugspreis je Stück					
+ Handlungskosten					
= Selbstkostenpreis					
+ Gewinnzuschlag					
= Barverkaufspreis					
+ Kundenskonto					
= Zielverkaufspreis					
+ Kundenrabatt					
= Nettoverkaufspreis					
+ Umsatzsteuer					
= Bruttoverkaufspreis					

Aufgabe 4

Die Firma *BüroFurniture online GmbH* hat sich auf den Handel mit Büromöbeln spezialisiert. Das Unternehmen beliefert ausschließlich Firmenkunden.

Im **Segment** der Bürostühle **kalkuliert** man mit 20 % Handlungskosten und einem Gewinnzuschlag in Höhe von 10 %. Grundsätzlich möchte man sich eine Rabattoption von bis zu 30 % und einen Skontoabzug in Höhe von 3 % offenhalten.

Ermitteln Sie den Verkaufspreis für den **ergonomischen** Bürostuhl *SitPro 3000X* (Bezugspreis je Stück 120,00 EUR).

	EUR	Prozent			
Bezugspreis je Stück					
+ Handlungskosten					
= Selbstkostenpreis					
+ Gewinnzuschlag					
= Barverkaufspreis					
+ Kundenskonto					
= Zielverkaufspreis					
+ Kundenrabatt					
= Nettoverkaufspreis					
+ Umsatzsteuer					
= Bruttoverkaufspreis					

Aufgabe 5

Die Firma *BüroFurniture online GmbH* hat sich auf den Handel mit Büromöbeln spezialisiert. Das Unternehmen beliefert ausschließlich Firmenkunden.

Im **Segment** der Konferenzmöbel **kalkuliert** man mit 24 % Handlungskosten und einem Gewinnzuschlag in Höhe von 15 %. Grundsätzlich möchte man sich eine Rabattoption von bis zu 30 % und einen Skontoabzug in Höhe von 3 % offenhalten.

Ermitteln Sie den Verkaufspreis für den Konferenztisch *KonTi Deluxe oval* (Bezugspreis je Stück 410,00 EUR).

	EUR	Prozent				
Bezugspreis je Stück						
+ Handlungskosten						
= Selbstkostenpreis						
+ Gewinnzuschlag						
= Barverkaufspreis						
+ Kundenskonto						
= Zielverkaufspreis						
+ Kundenrabatt						
= Nettoverkaufspreis						
+ Umsatzsteuer						
= Bruttoverkaufspreis						

Aufgabe 6

Die Firma *BüroFurniture online GmbH* hat sich auf den Handel mit Büromöbeln spezialisiert. Das Unternehmen beliefert ausschließlich Firmenkunden.

Im **Segment** der Schreibtische **kalkuliert** man mit 22 % Handlungskosten und einem Gewinnzuschlag in Höhe von 16 %. Grundsätzlich möchte man sich eine Rabattoption von bis zu 30 % und einen Skontoabzug in Höhe von 3 % offenhalten.

Ermitteln Sie den Verkaufspreis für den elektrisch höhenverstellbaren Schreibtisch *Evo Active Smart* (Bezugspreis je Stück 160,00 EUR).

	EUR	Prozent				
Bezugspreis je Stück						
+ Handlungskosten						
= Selbstkostenpreis						
+ Gewinnzuschlag						
= Barverkaufspreis						
+ Kundenskonto						
= Zielverkaufspreis						
+ Kundenrabatt						
= Nettoverkaufspreis						
+ Umsatzsteuer						
= Bruttoverkaufspreis						

Aufgabe 7

Die Firma *Surf Equipment GmbH* hat sich auf den Handel und Verkauf von Wassersportausrüstung spezialisiert. Das Unternehmen verkauft seine Produkte an Firmenkunden und auch an Privatkunden.

Im Kite-Surfing-**Segment** werden Handlungskosten in Höhe von 20 % des Bezugspreises angesetzt. Bei Kite-Schirmen möchte man seinen Kunden einen Rabatt von bis zu 15 % und einen Skontoabzug in Höhe von 2 % anbieten können.

Prüfen Sie, ob man den Kite-Schirm *AirJack 12 SLS* (Bezugspreis je Stück 760,00 EUR) zu einem Bruttoverkaufspreis in Höhe von 1.368,00 EUR gewinnbringend anbieten kann, wenn Rabatt- und Skontoabzüge in vollem Umfang ausgeschöpft werden.

	EUR	Prozent			
Bezugspreis je Stück					
+ Handlungskosten					
= Selbstkostenpreis					
+ Gewinnzuschlag					
= Barverkaufspreis					
+ Kundenskonto					
= Zielverkaufspreis					
+ Kundenrabatt					
= Nettoverkaufspreis					
+ Umsatzsteuer					
= Bruttoverkaufspreis					

Aufgabe 8

Die Firma *Surf Equipment GmbH* hat sich auf den Handel und Verkauf von Wassersportausrüstung spezialisiert. Das Unternehmen verkauft seine Produkte an Firmenkunden und auch an Privatkunden.

Bei dem Verkauf von SUPs werden Handlungskosten in Höhe von 15 % des Bezugspreises angesetzt. Bei SUPs möchte man seinen Kunden einen Rabatt von bis zu 15 % und einen Skontoabzug in Höhe von 2 % anbieten können.

Prüfen Sie, ob man das aufblasbare SUP *NemoWave 250* (Bezugspreis je Stück 140,00 EUR) zu einem Bruttoverkaufspreis in Höhe von 230,00 EUR gewinnbringend anbieten kann, wenn Rabatt- und Skontoabzüge in vollem Umfang ausgeschöpft werden.

	EUR	Prozent				
Bezugspreis je Stück						
+ Handlungskosten						
= Selbstkostenpreis						
+ Gewinnzuschlag						
= Barverkaufspreis						
+ Kundenskonto						
= Zielverkaufspreis						
+ Kundenrabatt						
= Nettoverkaufspreis						
+ Umsatzsteuer						
= Bruttoverkaufspreis						

Aufgabe 9

Die Firma *Surf Equipment GmbH* hat sich auf den Handel und Verkauf von Wassersportausrüstung spezialisiert. Das Unternehmen verkauft seine Produkte an Firmenkunden und auch an Privatkunden.

Bei Neoprenbekleidung werden Handlungskosten in Höhe von 25 % des Bezugspreises angesetzt. Bei Neoprenanzügen möchte man seinen Kunden einen Rabatt von bis zu 30 % anbieten können, jedoch kein Skonto.

Prüfen Sie, ob man den Neoprenanzug *TomPro 4/3mm Back Zip* (Bezugspreis je Stück 60,00 EUR) zu einem Bruttoverkaufspreis in Höhe von 153,00 EUR gewinnbringend anbieten kann, wenn Rabatt- und Skontoabzüge in vollem Umfang ausgeschöpft werden.

	EUR	Prozent			
Bezugspreis je Stück					
+ Handlungskosten					
= Selbstkostenpreis					
+ Gewinnzuschlag					
= Barverkaufspreis					
+ Kundenskonto					
= Zielverkaufspreis					
+ Kundenrabatt					
= Nettoverkaufspreis					
+ Umsatzsteuer					
= Bruttoverkaufspreis					

Notizen/Merksätze/Lernhilfen

Kapitel 7 Zinsrechnung (Tageszinsen/Verzugszinsen)

Einführungssituation

Die *LVO Maschinenfabrik GmbH* ist ein mittelständisches Unternehmen aus Solingen. Das Unternehmen hat sich auf die Herstellung von Spezialwerkzeugen (zum Beispiel spezielle Sägemaschinen und Schleifmaschinen) spezialisiert. Neben Produktentwicklung und Produktion fallen in einem solchen Unternehmen selbstverständlich auch Büroaufgaben an.

Im Sommer haben Sie bei der *LVO Maschinenfabrik GmbH* eine Ausbildung zum Kaufmann bzw. zur Kauffrau für Büromanagement begonnen. Unter anderem überprüfen Sie Zahlungseingänge auf deren Pünktlichkeit. Für den Fall, dass eine Rechnung nicht pünktlich bezahlt wurde, müssen Sie **Mahnungen** schreiben und manchmal auch **Verzugszinsen** in Rechnung stellen.

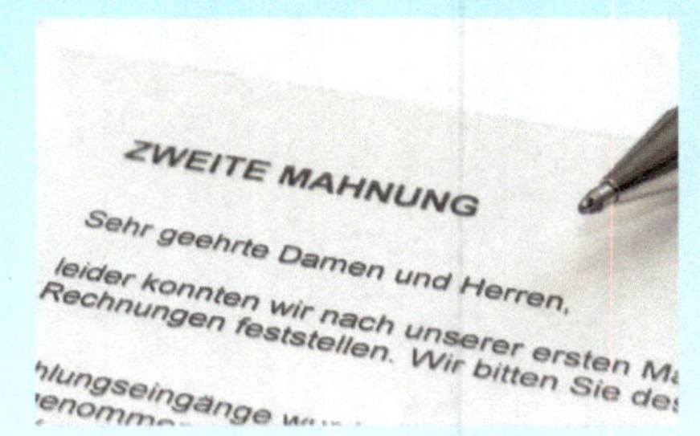

INFO: Verzugszinsen

Wenn ein Unternehmen eine Rechnung an einen Kunden verschickt (**Ausgangsrechnung**), so hat das Unternehmen gegenüber dem Kunden eine **Forderung**. Wird die **Forderung** nicht bis zu dem auf der Rechnung festgelegten Zahlungsziel (Zahlungstermin) bezahlt, darf das Unternehmen Verzugszinsen verlangen. Es handelt sich dabei also um eine Strafe, wenn eine Rechnung nicht pünktlich bezahlt wurde.

Die Höhe der Verzugszinsen wird vom Gesetzgeber festgelegt und ist an einen bestimmten Basiszins[1] gekoppelt. Bei der Höhe des Zinssatzes wird unterschieden, ob der Käufer eine Privatperson ist oder ein Unternehmen (**B2B**).

§ 288 BGB (1) Eine Geldschuld ist während des Verzugs zu verzinsen. Der Verzugszinssatz beträgt für das Jahr **fünf Prozentpunkte** über dem Basiszinssatz.

(2) Bei Rechtsgeschäften, an denen ein Verbraucher nicht beteiligt ist, beträgt der Zinssatz für Entgeltforderungen **neun Prozentpunkte** über dem Basiszinssatz.

Beispiel: Ab dem 01.07.2022 betrug der Basiszinssatz –0,88 %.
Daraus ergaben sich folgende Zinssätze:

Verzugszinssatz bei Verbrauchern:	–0,88 % + 5,00 % = 4,12 %
*Verzugszinssatz bei **B2B**-Geschäften:*	–0,88 % + 9,00 % = 8,12 %

1 Der Basiszinssatz für die Berechnung von Verzugszinsen (§ 288 BGB) wird von der Deutschen Bundesbank zum 1. Januar und 1. Juli eines jeden Jahres festgelegt.

Aktivbereich: Internetrecherche

Notieren Sie hier den aktuell für § 288 BGB gültigen Basiszins: ______________________

INFO: Tageszinsen

Zinssätze beziehen sich in der Regel immer auf ein Jahr. Der Zeitraum der verspäteten Zahlung beträgt aber oft nur wenige Tage oder Wochen. Bei der Berechnung der Verzugszinsen muss dies berücksichtigt werden, indem man Tageszinsen berechnet.

Es gibt unterschiedliche Methoden, wie sich Tageszinsen berechnen lassen: die Deutsche Zinsmethode, die Eurozinsmethode oder die Taggenaue Zinsmethode. Ein Unterschied der Methoden besteht darin, mit wie vielen Tagen im Monat bzw. im Jahr gerechnet wird.

In den folgenden Erklärungen, Beispielen und Übungen wird die Taggenaue Zinsmethode verwendet.

Taggenaue Zinsmethode

Bei der **Taggenauen Zinsmethode** werden die Zinstage kalendergenau bestimmt. Ein Jahr hat entweder 365 oder 366 Tage (Schaltjahr) und die Tage eines Monats entsprechen der tatsächlichen Anzahl (28 Tage bzw. 29 Tage im Februar und 30 Tage bzw. 31 Tage in allen anderen Monaten).

Der Zeitraum eines Zahlungsverzuges berechnet sich wie folgt:

- Erster Tag = Tag nach der **Fälligkeit**
- Letzter Tag = Tag der Bezahlung

Beispiel:

01.01.2023	*Zahlungsziel (**Fälligkeit**)*	
02.01.2023	*1. Tag im Verzug*	*= Zinstag 1*
03.01.2023	*2. Tag im Verzug*	*= Zinstag 2*
04.01.2023	*3. Tag im Verzug*	*= Zinstag 3*
05.01.2023	*Bezahlung*	*= Zinstag 4*

Zeitraum für die Berechnung der Verzugszinsen: 4 Zinstage

Tageszinsformel

Verzugszinsen berechnen sich mithilfe der Tageszinsformel:

kein Schaltjahr: $\text{Zinsen} = \text{Forderung} \cdot \frac{\text{Prozentsatz}}{100} \cdot \frac{\text{Anzahl Zinstage}}{365}$

Schaltjahr: $\text{Zinsen} = \text{Forderung} \cdot \frac{\text{Prozentsatz}}{100} \cdot \frac{\text{Anzahl Zinstage}}{366}$

*Beispiel: Ein Unternehmen hatte eine **Forderung** in Höhe von 30.000,00 EUR gegenüber einem anderen Unternehmen. Die Rechnung war am 03.08.2022 fällig und wurde erst am 20.08.2022 bezahlt.*

*Zinstage: 17 Tage, Verzugszinssatz: 8,12 % (**B2B**-Geschäft)*

$\text{Verzugszinsen} = 30.000 \cdot \frac{8,12}{100} \cdot \frac{17}{365} = 113,4575 \ldots \approx 113,46 \text{ EUR}$

Aktivbereich

Die *LVO Maschinenfabrik GmbH* hatte Anfang Juni eine Breitbandschleifmaschine an eine Schreinerei geliefert. Das Zahlungsziel war auf den 5. Juli terminiert. Wegen der ausstehenden **Forderung** in Höhe von 18.500,00 EUR wurde eine Zahlungserinnerung (**Mahnung**) an die Schreinerei verschickt. Die Bezahlung der Rechnung erfolgte trotzdem erst am 27. August.

Ermitteln Sie die Verzugszinsen, die der Schreinerei in Rechnung gestellt werden können.

Übungsaufgaben

Aufgabe 1

Ein Dachdeckerbetrieb hat Reparaturen an einem Wohnhaus durchgeführt. Auftraggeber war eine Privatperson. Es wurde eine Rechnung über 26.900,00 EUR erstellt und das Zahlungsziel auf den 27. Mai festgesetzt (terminiert). Nach zwei Mahnungen wurde die Forderung erst am 11. Juli bezahlt.

Ermitteln Sie die Verzugszinsen, die in Rechnung gestellt werden können.

Aufgabe 2

Ein Kölner Kiosk hat für die Karnevalstage Getränke im Wert von 6.500,00 EUR eingekauft. Die **Forderung** des Getränkehändlers war bis spätestens 25. Februar dieses Jahres zu bezahlen (terminiertes Zahlungsziel). Bezahlt hat der Kiosk-Besitzer die Rechnung aber erst am 2. April.

Ermitteln Sie die Verzugszinsen, die in Rechnung gestellt werden können.

Aufgabe 3

Ein Händler für Baustoffe hat letztes Jahr verschieden Sand- und Kiesmischungen im Wert von 7.250,00 EUR an einen Hochbaubetrieb verkauft. Die **Forderung** sollte bis zum 10. Oktober des vergangenen Jahres bezahlt sein (terminiertes Zahlungsziel). Erst nach dem Versenden von zwei Zahlungsaufforderungen wurde die Rechnung am 6. Dezember bezahlt.

Ermitteln Sie die Verzugszinsen, die in Rechnung gestellt werden können.

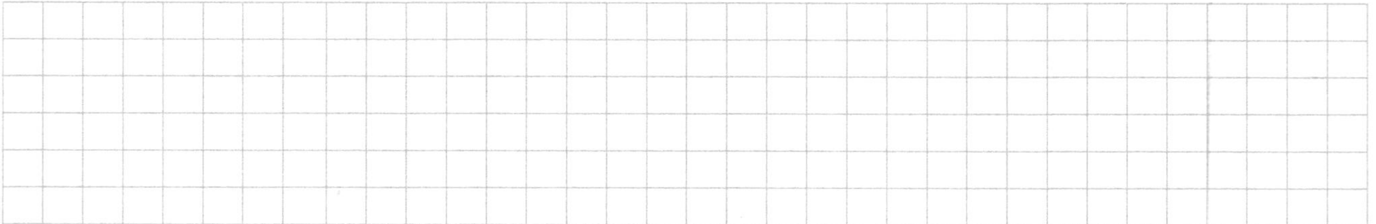

Aufgabe 4

Bei Zahnersatz übernimmt die Krankenkasse nur einen Teil der Kosten. Den Restbetrag muss die Patientin selbst tragen. Ein Zahnarzt hat für eine solche Behandlung eine Rechnung über 3.800,00 EUR ausgestellt. Am 30. August erhielt die Patientin eine Mahnung, da sie die Rechnung noch nicht bezahlt hatte. Die Bezahlung der Rechnung erfolgte erst am 2. Oktober.

Ermitteln Sie die Verzugszinsen, die in Rechnung gestellt werden können.

Aufgabe 5

Ein Möbelhaus hat eine **Forderung** in Höhe von 14.700,00 EUR gegenüber einer Privatperson. Die offene Rechnung sollte bis zum 11. November bezahlt sein (terminiertes Zahlungsziel). Bezahlt wurde die Rechnung aber erst am 17. Dezember.

Ermitteln Sie die Verzugszinsen, die in Rechnung gestellt werden können.

Aufgabe 6

Ein IT-Service-Unternehmen hat die Geschäfts- und Verwaltungsräume eines Betriebs mit neuen Computern und Druckern ausgestattet. Es wurde eine Rechnung über 12.600,00 EUR ausgestellt, zahlbar bis zum 25. Juli (terminiertes Zahlungsziel). Erst nach dem Versenden einer Zahlungserinnerung wurde die Rechnung am 7. September beglichen.

Ermitteln Sie die Verzugszinsen, die in Rechnung gestellt werden können.

Notizen/Merksätze/Lernhilfen

Kapitel 8 Finanzmathematik (Darlehensarten)

Einführungssituation

Das Kreditgeschäft ist ein wesentlicher Bereich einer Bank. Sowohl Unternehmen als auch Privatpersonen **finanzieren** größere Anschaffungen meistens durch Bankkredite. Vor der Aufnahme eines Kredits erfolgt eine umfangreiche Beratung. Bei der Beratung muss sichergestellt werden, dass sich die Kreditnehmer nicht finanziell übernehmen. Das heißt: Man muss also prüfen, ob sie sich die monatlich[1] anfallenden **Zinszahlungen** und **Tilgungszahlungen** auch leisten können.

Im Sommer haben Sie bei einer Bank eine Ausbildung zum Bankkaufmann bzw. zur Bankkauffrau begonnen. Um Geschäfts- und Privatkunden in Zukunft gezielt zu beraten, müssen Sie verschiedene Darlehensarten und deren Besonderheiten kennen.

1 Ein Darlehen wird in der Regel monatlich abbezahlt. Das bedeutet, dass die anfallenden Zinszahlungen und Tilgungszahlungen jeden Monat erfolgen. In der Beispielsituation und in den Übungsaufgaben sind jedoch jährliche Zahlungen dargestellt. Dabei handelt es sich um vereinfachte Rechnungen, um die Grundlagen der unterschiedlichen Darlehensarten zu erlernen. Speziell beim Annuitätendarlehen beschränken sich die Beispiele auf jährliche Berechnungen.

INFO: Darlehnsarten

Grundsätzlich unterscheidet man zwischen drei Darlehensarten: Festdarlehen, Abzahlungsdarlehen und Annuitätendarlehen.

Festdarlehen	Ein **Festdarlehen** ist eine Kreditform, bei der die Tilgung erst am Ende der Laufzeit in einer einzigen Zahlung erfolgt. Während der Laufzeit zahlt der Kreditnehmer lediglich gleichbleibende Zinsen. Um sicherzustellen, dass der Kredit am Ende der Laufzeit auch zurückgezahlt werden kann, sollte der Kreditnehmer in der Zwischenzeit ausreichend viel Geld ansparen[1].
Abzahlungsdarlehen	Ein **Abzahlungsdarlehen** ist ein Kredit, der in gleichbleibenden Tilgungszahlungen zurückgezahlt wird. Da sich die Kreditsumme aufgrund der **Tilgungszahlungen** stetig verringert, verringert sich auch der Betrag der Zinszahlungen. Die Summe der Raten wird somit immer kleiner. Hauptsächlich wird ein solcher Ratenkredit für den Kauf von **Konsumgütern** verwendet. $\frac{\text{Kreditbetrag}}{\text{Laufzeit}} = \text{Höhe der Tilgungszahlung}$
Annuitätendarlehen	Das **Annuitätendarlehen** ist die Kreditform, die am häufigsten bei der Finanzierung von Immobilien eingesetzt wird. Bei der Annuität[2] handelt es sich um eine gleichbleibende Zahlung, die sich aus der Zinszahlung und der **Tilgungszahlung** zusammensetzt. Da sich die Restschuld mit jeder gezahlten Annuität verringert, verringern sich auch die zu zahlenden Zinsen, und die Tilgungszahlung nimmt zu. Berechnung der Höhe der Annuität: $\text{Kreditbetrag} \cdot \frac{(1 + \text{Zinssatz})^{\text{Laufzeit}} \cdot \text{Zinssatz}}{(1 + \text{Zinssatz})^{\text{Laufzeit}} - 1} = \text{Annuität}$

1 Heutzutage ist das Festdarlehen nur noch in seltenen Fällen eine sinnvolle Darlehensart, weshalb es in den nachfolgenden Aufgaben keine Anwendung findet.
2 In den nachfolgenden Aufgaben ist die Annuität stets angegeben. Die Höhe der Annuität lässt sich aber auch mit Hilfe der obenstehenden Formel berechnen.

Aktivbereich

Ein Privatkunde möchte sich ein neues Auto kaufen. Seine vorhandenen Ersparnisse reichen allerdings nicht aus, um den Wagen vollständig zu bezahlen. Der fehlende Betrag soll über einen Ratenkredit in Höhe von 6.000,00 EUR abgedeckt werden und innerhalb von 5 Jahren abbezahlt sein. Die Tilgungszahlungen erfolgen jährlich. Der vereinbarte Zinssatz beträgt 2,55 % p. a.

Berechnen Sie die Höhe der Zins- und Tilgungszahlungen und stellen Sie den dazugehörigen Tilgungsplan für das **Abzahlungsdarlehen** auf.

Laufzeitjahr	Restschuld *Jahresbeginn*	Zinsen	Tilgung	Gesamtrate	Restschuld *Jahresende*
1					
2					
3					
4					
5					

Der Geschäftsführer eines Baumarkts plant, das **Sortiment** zu erweitern. In einem neu gestalteten Gartencenter können die Kunden in Zukunft Pflanzen, Gartenmöbel und Gartengeräte kaufen. Die **Finanzierung** für die Umbaumaßnahmen erfolgt über ein Annuitätendarlehen. Die Kreditsumme beträgt insgesamt 100.000,00 EUR und soll innerhalb von zehn Jahren vollständig abbezahlt sein. Hierzu ist eine Annuität in Höhe von 11.873,11 EUR fällig. Der vereinbarte Zinssatz beträgt 3,25 % p. a.

Berechnen Sie die Höhe der Zins- und Tilgungszahlungen der ersten fünf Jahre und stellen Sie den dazugehörigen Tilgungsplan für das **Annuitätendarlehen** auf.

Laufzeitjahr	Restschuld *Jahresbeginn*	Zinsen	Tilgung	Gesamtrate	Restschuld *Jahresende*
1					
2					
3					
4					
5					
…	…	…	…	…	…

Übungsaufgaben

Aufgabe 1

Für die Finanzierung einer Wohnimmobilie benötigt ein Ehepaar einen Kredit in Höhe von 340.000,00 EUR. Es ist dem Ehepaar wichtig, dass das Darlehen nach 20 Jahren vollständig abbezahlt ist. Ein Finanzdienstleister bietet diesbezüglich ein Annuitätendarlehen zu einem Festzins in Höhe von 2,25 % p. a. an. Die jährliche Annuität beträgt in dem Fall 21.298,30 EUR.

Berechnen Sie die Höhe der Zins- und Tilgungszahlungen der ersten fünf Jahre und stellen Sie den dazugehörigen Tilgungsplan für das **Annuitätendarlehen** auf.

Laufzeitjahr	Restschuld *Jahresbeginn*	Zinsen	Tilgung	Gesamtrate	Restschuld *Jahresende*
1					
2					
3					
4					
5					
...	...	...	...	...	...

Aufgabe 2

Für die Finanzierung einer neuen Küche benötigt der Privatkunde einer Bank ein Darlehen in Höhe von 16.000,00 EUR. Die Bank bietet ihrem Kunden ein Abzahlungsdarlehen mit einem festen Zinssatz in Höhe von 2,49 % p. a. Nach fünf Jahren soll der Kredit vollständig zurückgezahlt sein.

Berechnen Sie die Höhe der Zins- und Tilgungszahlungen und stellen Sie den dazugehörigen Tilgungsplan für das **Abzahlungsdarlehen** auf.

Laufzeitjahr	Restschuld *Jahresbeginn*	Zinsen	Tilgung	Gesamtrate	Restschuld *Jahresende*
1					
2					
3					
4					
5					

Aufgabe 3

Das Dach eines Einfamilienhauses muss erneuert werden. Für die Finanzierung der Arbeiten muss die dort lebende Familie einen Kredit in Höhe von 20.000,00 EUR aufnehmen. Die Bank hat ihnen folgendes Angebot unterbreitet: Ein Abzahlungsdarlehen mit einem festen Zinssatz in Höhe von 3,2 % p. a. Die Laufzeit des Darlehens beträgt acht Jahre und soll am Ende der Laufzeit vollständig abbezahlt sein.

Berechnen Sie die Höhe der Zins- und Tilgungszahlungen der ersten fünf Jahre und stellen Sie den dazugehörigen Tilgungsplan für das **Abzahlungsdarlehen** auf.

Laufzeitjahr	Restschuld *Jahresbeginn*	Zinsen	Tilgung	Gesamtrate	Restschuld *Jahresende*
1					
2					
3					
4					
5					
...	...	...	...	...	...

Aufgabe 4

Ein mittelständisches Unternehmen benötigt für den Ausbau einer Lagerhalle ein Darlehen in Höhe von 620.000,00 EUR. Das Darlehen soll nach 15 Jahren vollständig abbezahlt sein. Die Hausbank des Unternehmens bietet diesbezüglich ein Annuitätendarlehen zu einem Festzins in Höhe von 2,95 % p. a. an. Die jährliche Annuität beträgt 51.747,64 EUR.

Berechnen Sie die Höhe der Zins- und Tilgungszahlungen der ersten fünf Jahre und stellen Sie den dazugehörigen Tilgungsplan für das **Annuitätendarlehen** auf.

Laufzeitjahr	Restschuld *Jahresbeginn*	Zinsen	Tilgung	Gesamtrate	Restschuld *Jahresende*
1					
2					
3					
4					
5					
...	...	...	...	...	...

Aufgabe 5

Ein Handwerksbetrieb aus dem Bereich Sanitär- und Heizungstechnik möchte seinen **Fuhrpark** erweitern. Für die Finanzierung eines neuen Kleintransporters benötigt man einen Kredit in Höhe von 40.000,00 EUR. Ein Autohaus bietet folgendes Kreditangebot: Annuitätendarlehen zu einem Festzins von 2,75 % p. a. mit einer Laufzeit von sechs Jahren und einer jährlichen Annuität in Höhe von 7.322,83 EUR.

Berechnen Sie die Höhe der Zins- und Tilgungszahlungen und stellen Sie den dazugehörigen Tilgungsplan für das **Annuitätendarlehen** auf.

Laufzeitjahr	**Restschuld** ***Jahresbeginn***	**Zinsen**	**Tilgung**	**Gesamtrate**	**Restschuld** ***Jahresende***
1					
2					
3					
4					
5					
6					

Aufgabe 6

Eine kleine Kfz-Werkstatt muss zwei defekte Hebebühnen ersetzen. Für die Finanzierung der Hebebühnen muss ein Kredit in Höhe von 14.000,00 EUR aufgenommen werden. Die Hausbank bietet ein Annuitätendarlehen mit einer Laufzeit von fünf Jahren an. Am Ende der Laufzeit soll der Kredit vollständig abbezahlt sein. Der Zinssatz beträgt 3,05 % p. a., woraus sich eine jährliche Annuität in Höhe von 3.061,33 EUR ergibt.

Berechnen Sie die Höhe der Zins- und Tilgungszahlungen der ersten fünf Jahre und stellen Sie den dazugehörigen Tilgungsplan für das **Annuitätendarlehen** auf.

Laufzeitjahr	**Restschuld** ***Jahresbeginn***	**Zinsen**	**Tilgung**	**Gesamtrate**	**Restschuld** ***Jahresende***
1					
2					
3					
4					
5					

Aufgabe 7

Für die Finanzierung einer neuen Produktionsmaschine benötigt ein mittelständisches Unternehmen ein Darlehen in Höhe von 370.000,00 EUR. Das Darlehen soll nach 20 Jahren vollständig abbezahlt sein. Die Hausbank des Unternehmens bietet diesbezüglich ein Abzahlungsdarlehen zu einem Festzins in Höhe von 3,85 % p. a. an.

Berechnen Sie die Höhe der Zins- und Tilgungszahlungen der ersten fünf Jahre und stellen Sie den dazugehörigen Tilgungsplan für das **Abzahlungsdarlehen** auf.

Laufzeitjahr	Restschuld *Jahresbeginn*	Zinsen	Tilgung	Gesamtrate	Restschuld *Jahresende*
1					
2					
3					
4					
5					
...	...	...	...	...	...

Aufgabe 8

Die Inhaberin eines Friseursalons möchte eine zweite Filiale eröffnen. Für den Umbau und die Ausstattung eines geeigneten Ladenlokals benötigt sie einen Kredit in Höhe von 68.000,00 EUR. Ihre Bank bietet ihr ein Annuitätendarlehen mit einer Laufzeit von zehn Jahren an. Am Ende der Laufzeit soll der Kredit vollständig abbezahlt sein. Der Zinssatz beträgt 3,35 % p. a., woraus sich eine jährliche Annuität in Höhe von 8.114,71 EUR ergibt.

Berechnen Sie die Höhe der Zins- und Tilgungszahlungen und stellen Sie den dazugehörigen Tilgungsplan für das **Annuitätendarlehen** auf.

Laufzeitjahr	Restschuld *Jahresbeginn*	Zinsen	Tilgung	Gesamtrate	Restschuld *Jahresende*
1					
2					
3					
4					
5					
...	...	...	...	...	...

Notizen/Merksätze/Lernhilfen

Kapitel 9 Beschreibende Statistik

Einführungssituation

Die *Workout-4U GmbH* ist eine Fitnessstudiokette mit insgesamt elf Standorten in NRW. Neben dem klassischen Kraft- und Cardio-Training bietet *Workout-4U* auch ein umfangreiches Kursprogramm an. Da die Fitnessbranche ein hart umkämpfter Markt ist und es eine große Anzahl an Konkurrenzstudios gibt, legt man einen hohen Wert auf die Kundenzufriedenheit. Nur zufriedene Kunden kommen wieder und verlängern Ihre Monatsmitgliedschaften.

Im Sommer haben Sie in der Essener *Workout-4U*-Filiale eine Ausbildung zum Sport- und Fitnesskaufmann bzw. zur Sport- und Fitnesskauffrau begonnen. Aktuell sind Sie an der Auswertung einer großen Mitgliederbefragung beteiligt. Die Ergebnisse der Befragung sollen dabei helfen, dass man sich in Zukunft noch besser auf die Bedürfnisse der Kunden einstellen kann.

Man erwartet von Ihnen, dass Sie das Datenmaterial korrekt aufbereiten und auswerten können. Die Auswertung und Interpretation von Daten nennt man auch beschreibende Statistik.

INFO: Beschreibende Statistik

Das Ziel der beschreibenden Statistik besteht darin, die Ergebnisse von Beobachtungen und Befragungen durch Tabellen, Kennzahlen und Grafiken übersichtlich darzustellen. Um sich in der Welt der beschreibenden Statistik zurechtzufinden, muss man zahlreiche Fachbegriffe kennen.

Grundgesamtheit	Die Menge aller möglicher Befragten.
Stichprobe	Die Menge derjenigen, die tatsächlich auch befragt wurden. In der Mathematik wird die Stichprobengröße mit dem Kleinbuchstaben *n* abgekürzt.
Merkmal	Die untersuchte Eigenschaft – also das, wonach man fragt.
Merkmalsausprägungen	Die Antwortmöglichkeiten bezüglich der untersuchten Eigenschaft. Abgekürzt werden die Merkmalsausprägungen mit dem Kleinbuchstaben x – also x_1, x_2, x_3 usw., je nachdem, wie viele verschiedene Merkmalsausprägungen es gibt.
Quantitatives Merkmal	Die Merkmalsausprägungen eines quantitativen Merkmals lassen sich in Einheiten benennen (zum Beispiel Längen, Gewichte, Geldbeträge). Unterschiede und Abstände lassen sich somit exakt messen.
Qualitatives Merkmal	Die Merkmalsausprägungen eines qualitativen Merkmals nehmen keinen mathematischen Wert an (zum Beispiel Geschlecht, Farbe, Interessen). Auch Schulnoten sind qualitative Merkmale. Es lässt sich zwar eine Rangfolge festlegen, jedoch kann man die Abstände unterschiedlicher Merkmalsausprägungen nicht exakt bemessen.

INFO: Beschreibende Statistik (Fortsetzung)

Absolute Häufigkeit	Die absolute Häufigkeit ist die Anzahl, wie oft eine bestimmte Merkmalsausprägung vorkommt. Die absolute Häufigkeit lässt sich somit leicht abzählen. Abgekürzt wird die absolute Häufigkeit mit dem Großbuchstaben *H*.
Relative Häufigkeit	Die relative Häufigkeit setzt die absolute Häufigkeit ins Verhältnis zur Stichprobengröße. Es handelt sich somit um eine prozentuale Angabe. Abgekürzt wird die relative Häufigkeit mit dem Kleinbuchstaben *h*. Die relative Häufigkeit berechnet sich wie folgt: $\frac{\textit{absolute Häufigkeit}}{\textit{Stichprobengröße}} = \textit{relative Häufigkeit}$
Empirischer Mittelwert (arithmetisches Mittel)	Der empirische Mittelwert ist der ermittelte Durchschnitt der vorliegenden Werte. Für die Berechnung addiert man die vorliegenden Werte und teilt die Summe durch die Anzahl der einzelnen Werte. Kommt jede Merkmalsausprägung nur einmal vor, so spricht man vom einfachen Durchschnitt. Spielt die unterschiedliche Gewichtung (unterschiedliche Häufigkeit) der einzelnen Merkmalsausprägungen eine Rolle, so spricht man vom gewichteten Durchschnitt. Abgekürzt wird der Mittelwert mit $\bar{x}$ *(gelesen: „x quer“)*. *Beispiel:* Betrachten wir das Alter von sechs Personen: 18; 21; 21; 17; 23; 20 $\bar{x} = \frac{18 + 21 + 21 + 17 + 23 + 20}{6} = \frac{120}{6} = 20$
Median (Zentralwert)	Ordnet man die vorliegenden Werte der Größe nach, dann ist der Median der Wert, der in der Mitte steht. Hierbei muss man darauf achten, dass die Häufigkeit der unterschiedlichen Merkmalsausprägungen in der Ordnung auch Beachtung findet. Werte, die mehrmals vorkommen, werden mehrmals notiert. Abgekürzt wird der Median mit $\tilde{x}$ *(gelesen: „x Tilde“)*. *Beispiel 1:* Betrachten wir das Alter von sechs Personen: 18; 21; 21; 17; 23; 20 Ordnung nach der Größe: 17; 18; 20 I 21; 21; 23 Die Mitte befindet sich zwischen dem 3. und dem 4. Wert. $\tilde{x} = \frac{20 + 21}{2} = \frac{41}{2} = 20{,}5$ *Beispiel 2:* Betrachten wir das Alter von sieben Personen: 18; 21; 21; 17; 23; 20, 24 Ordnung nach der Größe: 17; 18; 20; **21**; 21; 23; 24 Der 4. Wert steht in der Mitte. $\tilde{x} = 21$

Aktivbereich

Frage 1:

Trinken Sie nach dem Training einen Eiweiß-Shake und falls ja, welche Geschmacksrichtung mögen Sie am liebsten?

Die ersten 40 befragten Mitglieder gaben folgende Antworten:
Vanille; Vanille; Erdbeere; Schokolade; nein; nein; nein; Vanille; Kirsche; nein; Himbeere; Schokolade; Vanille; Erdbeere; Schokolade; Schokolade; Schokolade; nein; Kirsche; nein; Vanille; Vanille; Schokolade; Vanille; Erdbeere; Kirsche; nein; nein; nein; nein; nein; Schokolade; nein; Vanille; nein; Erdbeere; Schokolade; Kirsche; Vanille; Vanille

Erstellen Sie eine Häufigkeitstabelle, die das Ergebnis der Befragung widerspiegelt.

Merkmalsausprägung x_i	**absolute Häufigkeit** $H(x_i)$	**relative Häufigkeit** $h(x_i)$
n		

Stellen Sie die Häufigkeiten als Säulendiagramm **dar**.

Aktivbereich

Frage 2:
Bewerten Sie den Umkleidetrakt hinsichtlich der Sauberkeit.
(1 Stern = mangelhaft / 5 Sterne = sehr gut)

Hierzu wurden bereits 300 Fragebögen ausgewertet und die untenstehende Häufigkeitstabelle angefertigt. Leider sind bei der Anfertigung der Tabelle verschiedene Werte verloren gegangen.

Berechnen Sie die fehlenden Werte.

Merkmalsausprägung x_i	absolute Häufigkeit $H(x_i)$	relative Häufigkeit $h(x_i)$
1 Stern (mangelhaft)	24	
2 Sterne		0,20
3 Sterne		
4 Sterne		0,26
5 Sterne (sehr gut)	48	
n		

Stellen Sie die Häufigkeiten als Säulendiagramm **dar**.

Aktivbereich

Frage 3:
Wie oft in der Woche gehen Sie ins Fitnessstudio?

Hierzu wurden bereits 250 Fragebögen ausgewertet und die untenstehende Häufigkeitstabelle angefertigt. Leider sind bei der Anfertigung der Tabelle verschiedene Werte verloren gegangen.
Anmerkung: Die Merkmalsausprägungen 0 und 7 wurden nicht genannt.

Berechnen Sie die fehlenden Werte.

Merkmalsausprägung x_i	**absolute Häufigkeit** $H(x_i)$	**relative Häufigkeit** $h(x_i)$
1 x in der Woche		0,236
2 x in der Woche		
3 x in der Woche		0,18
4 x in der Woche	11	
5 x in der Woche		0,028
6 x in der Woche	3	
n		

Berechnen Sie den empirischen Mittelwert anhand der **absoluten Häufigkeiten**.

Berechnen Sie den empirischen Mittelwert anhand der **relativen Häufigkeiten**.

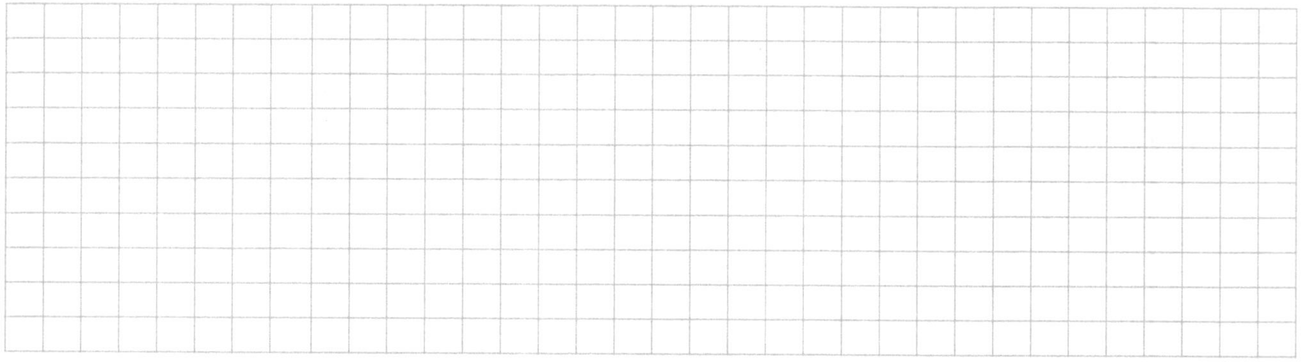

Aktivbereich

Frage 4:
Geben Sie zu statistischen Zwecken bitte Ihr Alter an (freiwillige Angabe).
Die ersten 20 befragten Mitglieder gaben bei dieser Frage die folgenden Alterszahlen an:
59; 32; 21; 43; 35; 36; 28; 31; 27; 23; 53; 71; 18; 17; 24; 51; 23; 28; 31; 17

Berechnen Sie den **empirischen Mittelwert**.

Ermitteln Sie den **Median**.

Erstellen für das Ergebnis der Befragung eine klassifizierte Häufigkeitstabelle[1].

Merkmalsausprägung x_i	absolute Häufigkeit $H(x_i)$	relative Häufigkeit $h(x_i)$
unter 25 Jahren		
25 bis 34 Jahre		
35 bis 44 Jahre		
45 bis 54 Jahre		
55 Jahre und älter		
n		

1 Bei einer klassifizierten Häufigkeitstabelle werden Merkmalsausprägungen zu einer Klasse (Gruppe) zusammengefasst. Auf diese Weise möchte man das Ergebnis der Beobachtung bzw. der Befragung übersichtlicher darstellen.

Übungsaufgaben

Aufgabe 1

Ein Hotel hat seine Gäste nach der Zufriedenheit mit dem angebotenen Frühstücksbuffet befragt. In diesem Jahr haben sich bereits 520 Gäste an der Befragung beteiligt. Leider sind bei der Zusammenfassung der Ergebnisse in einer Häufigkeitstabelle verschiedene Werte verloren gegangen.

Berechnen Sie die fehlenden Werte[1].

Merkmalsausprägung x_i	**absolute Häufigkeit** $H(x_i)$	**relative Häufigkeit** $h(x_i)$
sehr zufrieden	160	
zufrieden	220	
eher unzufrieden		0,2308
unzufrieden		
n		

Stellen Sie die Häufigkeiten als Säulendiagramm **dar**.

1 Bei relativen Häufigkeiten handelt es sich oft um gerundete Werte. Achten Sie darauf, dass Sie beim Runden einer relativen Häufigkeit stets **vier Nachkommastellen** angeben. Auf diese Weise erhalten Sie zwei Nachkommastellen in der %-Darstellung

Aufgabe 2

Um sich auf den Wandel im Bereich der Zahlungsmittel einzustellen, untersucht ein Supermarkt das Bezahlverhalten der Kundschaft. Es wurden insgesamt 9.700 Bezahlvorgänge erfasst. Leider sind bei der Zusammenfassung der Ergebnisse in einer Häufigkeitstabelle verschiedene Werte verloren gegangen.

Berechnen Sie die fehlenden Werte.

Merkmalsausprägung x_i	**absolute Häufigkeit** $H(x_i)$	**relative Häufigkeit** $h(x_i)$
Barzahlung		0,32
EC-Kartenzahlung		0,20
Kreditkartenzahlung		
Sonstiges	776	
n		

Stellen Sie die Häufigkeiten als Säulendiagramm **dar**.

Aufgabe 3

Bei einer Online-Umfrage wurden die Personalabteilungen von Unternehmen nach den Gründen für die Nichtbesetzung von Ausbildungsplätzen befragt. Bei der Befragung konnten die Unternehmen auch mehrere Antworten nennen[1]. Leider sind bei der Zusammenfassung der Ergebnisse in einer Häufigkeitstabelle verschiedene Werte verloren gegangen.

Berechnen Sie die fehlenden Werte.

Merkmalsausprägung x_i	**absolute Häufigkeit** $H(x_i)$	**relative Häufigkeit** $h(x_i)$
keine geeigneten Bewerbungen	8.466	0,68
keine Bewerbungen		0,32
Ausbildungsstelle nicht angetreten		0,24
Ausbildungsvertrag vom Azubi aufgelöst	1.992	
Ausbildungsvertrag vom Unternehmen aufgelöst	1.494	

Stellen Sie die Häufigkeiten als Säulendiagramm **dar**.

1 Besteht bei einer Befragung die Möglichkeit, mehrere Ausprägungsmerkmale anzugeben, erhöht sich dadurch die Gesamtanzahl der Antworten. Die Anzahl der Antworten ist somit größer als der Stichprobenumfang. Die Addition der Prozentwerte liegt dann auch über 100 %.

Aufgabe 4

Ein Lebensmittelfabrikant produziert Bio-Fruchtriegel für eine Drogerie-Kette. Jeder Riegel hat laut Verpackungsangabe ein Gewicht von 40 g. Das tatsächliche Gewicht der Riegel, die in den Verkauf gelangen, schwankt allerdings zwischen 38 g und 42 g. Bei der heutigen Tagesproduktion wurde durch eine automatische Waage das Gewicht von 9.800 Riegeln überprüft. Leider sind bei der Zusammenfassung der Ergebnisse in einer Häufigkeitstabelle verschiedene Werte verloren gegangen.

Berechnen Sie die fehlenden Werte.

Merkmalsausprägung x_i	**absolute Häufigkeit** $H(x_i)$	**relative Häufigkeit** $h(x_i)$
37 g		
38 g		0,08
39 g	1.568	
40 g	4.655	
41 g		0,26
42 g	98	
n		

Berechnen Sie den empirischen Mittelwert anhand der **absoluten Häufigkeiten**.

Berechnen Sie den empirischen Mittelwert anhand der **relativen Häufigkeiten**.

Nennen Sie die **Ausschussmenge**. Das ist die Anzahl an Bio-Fruchtriegeln, die als Fehlproduktion nicht in den Verkauf gelangen: ____________________

Aufgabe 5

Pakete, die nicht zugestellt werden konnten, werden bis zur Abholung in der nächstgelegenen Postfiliale gelagert. Die Aufbewahrungsfrist beträgt sieben Tage. Anschließend wird das Paket an den Absender zurückgeschickt.
Der Leiter einer Postfiliale hat die Dauer bis zur Abholung bzw. Rücksendung eines Pakets untersucht. Leider sind bei der Zusammenfassung der Ergebnisse in einer Häufigkeitstabelle verschiedene Werte verloren gegangen.

Berechnen Sie die fehlenden Werte.

Merkmalsausprägung x_i	**absolute Häufigkeit** $H(x_i)$	**relative Häufigkeit** $h(x_i)$
1 Tag	295	0,236
2 Tage		0,332
3 Tage		0,164
4 Tage	95	
5 Tage	86	
6 Tage		0,0416
7 Tage (bzw. Rücksendung)		
n		

Berechnen Sie den empirischen Mittelwert anhand der **absoluten Häufigkeiten**.

Berechnen Sie den empirischen Mittelwert anhand der **relativen Häufigkeiten**.

Aufgabe 6

Eine kleine Bäckerei im Foyer eines Supermarktes kalkuliert die Warenbestände in der Auslage so genau, dass am Ende des Arbeitstages nur wenige Brote unverkauft bleiben. Die unten stehende Häufigkeitstabelle zeigt die Anzahl der täglichen Restbestände (unverkaufte Brote) der letzten 80 Tage. Leider sind verschiedene Werte verloren gegangen.

Berechnen Sie die fehlenden Werte.

Merkmalsausprägung x_i	**absolute Häufigkeit** $H(x_i)$	**relative Häufigkeit** $h(x_i)$
kein Brot (alles verkauft)		
1 Brot		0,275
2 Brote	13	
3 Brote		0,0625
4 Brote		0,0125
5 Brote	2	
n		

Berechnen Sie den empirischen Mittelwert anhand der **absoluten Häufigkeiten**.

Berechnen Sie den empirischen Mittelwert anhand der **relativen Häufigkeiten**.

Aufgabe 7

Wer sich bei der Polizei bewerben möchte, muss ein ausführliches Auswahlverfahren über sich ergehen lassen und zahlreiche Voraussetzungen und Tests erfüllen. In manchen Bundesländern wird sogar eine Mindest-Körpergröße verlangt. Um die Mindestgröße entstehen aber immer wieder Diskussionen. Einige Bundesländer sowie die Bundespolizei und der Zoll haben diese Voraussetzung bereits abgeschafft bzw. es sind Abweichungen möglich.

Die 25 Bewerberinnen und Bewerber, die beim Online-Eignungstest die besten Ergebnisse erzielt haben, gaben in ihrer Bewerbung die folgenden Körpergrößen an:
185 cm; 170 cm; 169 cm; 188 cm; 186 cm; 175 cm; 174 cm; 165 cm; 167 cm; 194 cm; 188 cm; 170 cm; 171 cm; 174 cm; 186 cm; 184 cm; 178 cm; 169 cm; 170 cm; 187 cm; 201 cm; 169 cm; 164 cm; 191 cm; 190 cm

Berechnen Sie den **empirischen Mittelwert**.

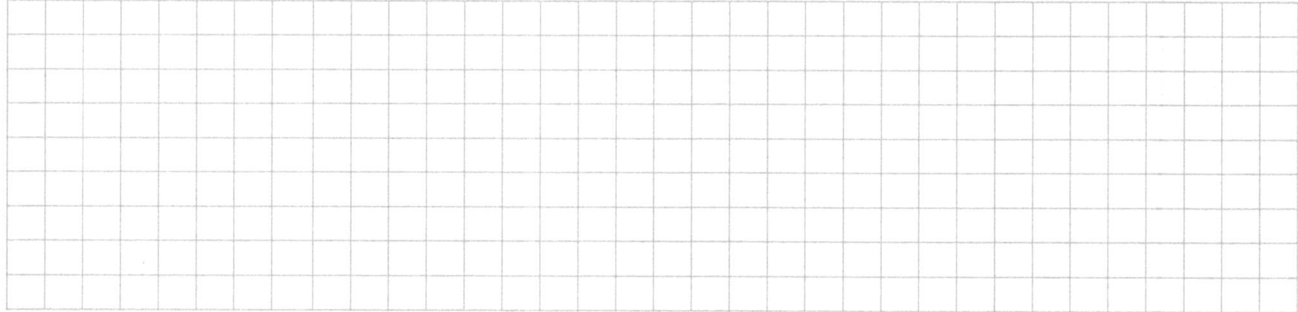

Ermitteln Sie den **Median**.

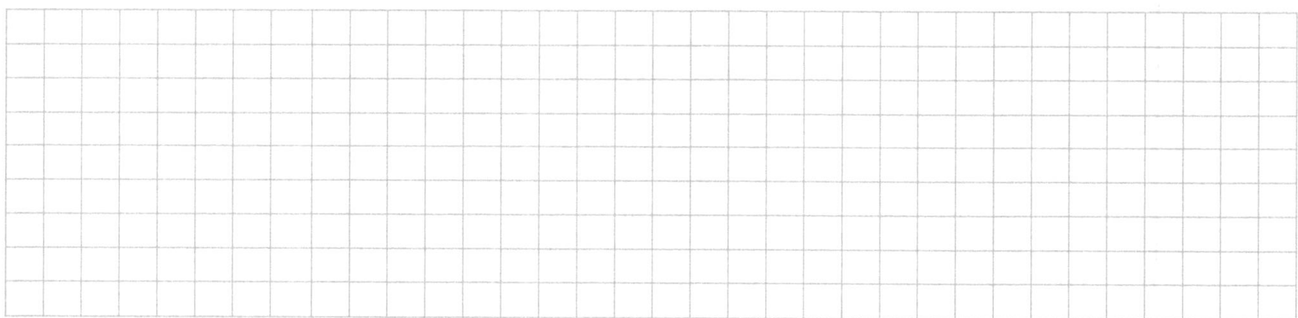

Erstellen Sie für das Ergebnis der Befragung eine klassifizierte Häufigkeitstabelle.

Merkmalsausprägung x_i	**absolute Häufigkeit** $H(x_i)$	**relative Häufigkeit** $h(x_i)$
unter 170 cm		
170 cm bis 179 cm		
180 cm bis 189 cm		
190 cm und größer		
n		

Aufgabe 8

Polizeivollzugsbeamte im mittleren Dienst führen auch Geschwindigkeitskontrollen durch. Bei einer Geschwindigkeitsmessung in einer Tempo-30-Zone wurden folgende Geschwindigkeiten erfasst:
27; 31; 28; 27; 32; 31; 30; 31; 27; 29; 51; 28; 29; 34; 30

Berechnen Sie den **empirischen Mittelwert**.

Ermitteln Sie den **Median**.

Aufgabe 9

Eine ausgebildete Floristin hat sich den Traum eines eigenen Blumenladens erfüllt. In den ersten zwölf Monaten nach der Geschäftseröffnung erzielte der Laden die folgenden **Umsätze**:
2.115,00 EUR; 4.325,00 EUR; 3.906,00 EUR; 4.789,00 EUR; 5.311,00 EUR; 5.230,00 EUR; 5.890,00 EUR; 6.124,00 EUR; 5.488,00 EUR; 6.087,00 EUR; 5.954,00 EUR; 6.221,00 EUR

Berechnen Sie den **empirischen Mittelwert**.

Ermitteln Sie den **Median**.

Aufgabe 10

Die folgende Auflistung zeigt die monatlichen **Überschüsse** eines mittelständischen Unternehmens:
9.546,00 EUR; 9.987,00 EUR; 9.215,00 EUR; 9.849,00 EUR; 9.961,00 EUR; 17.442,00 EUR

Berechnen Sie den **empirischen Mittelwert**.

Ermitteln Sie den **Median**.

Erklären Sie, woher die erhebliche Differenz zwischen empirischem Mittelwert und Median kommt.

Aufgabe 11

Ein Produktionsunternehmen aus der Metallbranche versucht seine durchschnittliche **Ausschussquote** stets unter 2 % zu halten. Täglich werden 48.000 Fertigungsstücke produziert. Die folgende Auflistung gibt die Ausschusszahlen der vergangenen zwölf Produktionstage an:
982; 1.006; 808; 974; 528; 1.038; 1.020; 976; 886; 750; 986; 990

Prüfen Sie mithilfe des empirischen Mittelwertes, ob das Unternehmen sein Ziel erreicht hat.

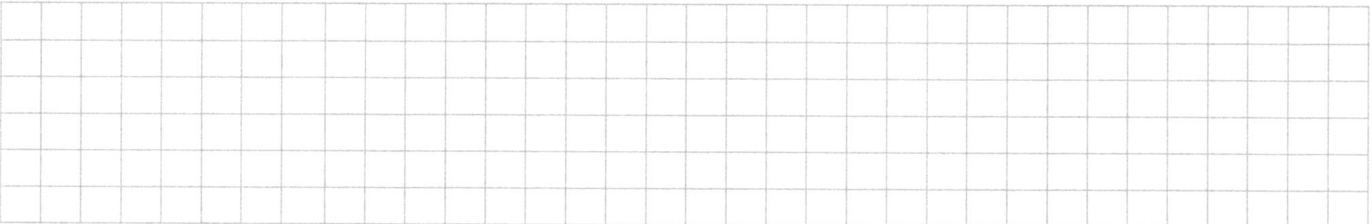

Prüfen Sie mithilfe des Medians, ob das Unternehmen sein Ziel erreicht hat.

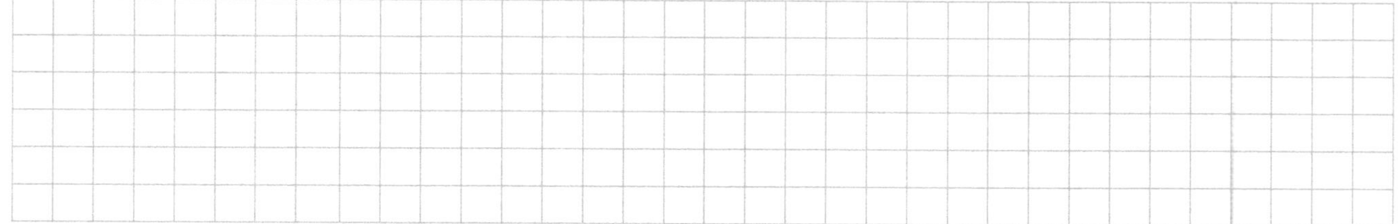

Aufgabe 12

Während die Coronapandemie mussten die Kinos in Deutschland schließen. Deshalb ist die Anzahl der jährlichen Kinobesucher gesunken ist. Betrachtet man die Jahre 2017 bis 2021, liegt der 5-Jahres-Durchschnitt bei 85,3 Millionen Besuchern. Vor der Pandemie lag der 5-Jahres-Durchschnitt wesentlich höher.

Besucherzahlen in den Jahren 2015 bis 2019 in Millionen
2015: 139,2 2016: 121,1 2017: 122,3 2018: 105,4 2019: 118,6

Besucherzahlen in den Jahren 2020 und 2021 in Millionen
2020: 38,1 2021: unbekannt

Berechnen Sie den **empirischen Mittelwert** für die Jahre 2015 bis 2019.

Berechnen Sie den fehlenden Wert des Jahres 2021.

Ermitteln Sie den **Median** für den Zeitraum 2015 bis 2019.

Ermitteln Sie den **Median** für den Zeitraum 2017 bis 2021.

Aufgabe 13

Die **Umsätze** eines der weltweit größten Sportartikelherstellers werden immer größer. Bereits zu Beginn des Jahrtausends konnte man eine sprunghafte Umsatzsteigerung erkennen.

In den Jahren 2000 bis 2005 lag der durchschnittliche Umsatz bei 6.205,5 Millionen EUR pro Jahr. In den folgenden fünf Jahren betrug der durchschnittliche Umsatz bereits 10.710,6 Millionen EUR pro Jahr und in den Jahren 2011 bis 2015 lag der durchschnittliche Umsatz bei 14.771,4 Millionen EUR pro Jahr. Seitdem sind die Umsatzzahlen weiterhin angestiegen und liegen inzwischen bei über 20 Milliarden EUR im Jahr.

Umsätze in den Jahren 2000 bis 2005 in Millionen EUR
2000: 5.835 2001: 6.112 2002: 6.523 2003: 6.267 2004: 5.860 2005: unbekannt

Berechnen Sie den fehlenden Wert des Jahres 2005.

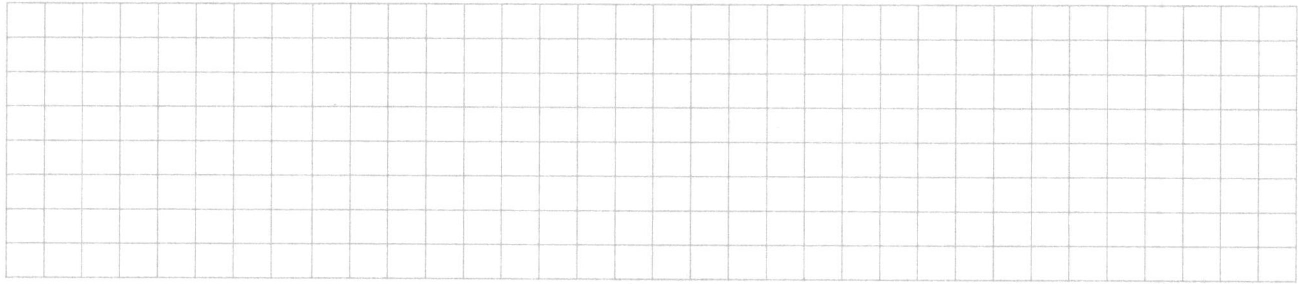

Umsätze in den Jahren 2006 bis 2010 in Millionen EUR
2006: 10.084 2007: 10.299 2008: 10.799 2009: 10.381 2010: unbekannt

Berechnen Sie den fehlenden Wert des Jahres 2010.

Umsätze in den Jahren 2011 bis 2015 in Millionen EUR
2011: 13.322 2012: 14.883 2013: 14.203 2014: 14.534 2015: unbekannt

Berechnen Sie den fehlenden Wert des Jahres 2015.

Notizen/Merksätze/Lernhilfen

Kapitel 10 Stochastik (Baumdiagramme)

Einführungssituation

Die *LMD Transport & Logistik AG* ist ein Unternehmen aus der Transport- und Logistikbranche mit Sitz in Bochum. Das Unternehmen sorgt dafür, dass Waren pünktlich, kostengünstig, in der richtigen Menge, in der richtigen Qualität und am richtigen Ort ankommen. Die möglichen Transportwege hierbei sind vielfältig. Ob Luftfracht, Seefracht, Landtransport oder Schienengüterverkehr – alles setzt das Unternehmen um.

Im Sommer haben Sie bei der *LMD Transport & Logistik AG* eine Ausbildung zum Kaufmann bzw. zur Kauffrau für Spedition und Logistikdienstleistung begonnen. Aktuell lernen Sie viel über die Erstellung und Kontrolle von Transportbescheinigungen. Hierbei geht es um die Einhaltung von Zollbestimmungen und die Versicherung der Ware. Hierbei stellt sich immer wieder die Frage: Wie hoch ist die Wahrscheinlichkeit, dass bei der Zollabwicklung wichtige Dokumente fehlen oder die Ware beim Transport beschädigt wird?

INFO: Wahrscheinlichkeiten

Eine Wahrscheinlichkeit gibt an, mit welcher Vorhersehbarkeit bei einem Zufallsexperiment ein bestimmtes Ergebnis oder Ereignis eintritt. Die Zahlenwerte einer Wahrscheinlichkeit liegen immer zwischen 0 und 1. In der Mathematik wird die Wahrscheinlichkeit eines Ergebnisses mit dem Buchstaben P abgekürzt.

Zufalls-experiment	Ein **Zufallsexperiment** ist ein Vorgang, bei dem die Menge aller möglichen Ausgänge bekannt ist. Sein tatsächlicher Ausgang ist aber in jedem Fall rein zufällig. *Beispiel: Das Werfen eines Würfels. Man weiß, dass der Würfel die Zahlen 1 bis 6 anzeigen kann. Welche Zahl aber nun tatsächlich gewürfelt wird, ist rein zufällig.*
Ergebnis	Der Ausgang eines Zufallsexperimentes heißt **Ergebnis**. *Beispiel: Beim Würfel fällt die 4.*
Ereignis	Fasst man mehrere Ergebnisse zusammen, so spricht man bei dieser Menge von einem **Ereignis**. *Beispiel: Beim Würfel wird eine gerade Zahl angezeigt. Die Ergebnisse 2; 4 und 6 ergeben somit das Ereignis „gerade Zahl".*

INFO: Baumdiagramme

Ein Baumdiagramm ist eine übersichtliche Darstellung, mit dessen Hilfe sich die Wahrscheinlichkeiten unterschiedlicher Ereignisse eines mehrstufigen Zufallsexperimentes ermitteln lassen. Ein Zufallsexperiment ist immer dann mehrstufig, wenn mehrere Vorgänge stattfinden. Dies können beispielsweise aufeinanderfolgende Handlungen, verschiedene Entscheidungen oder unterschiedliche Zustände sein.

Möglichkeiten innerhalb eines Baumdiagramms

Alle Handlungen, Entscheidungen oder Zustände haben unterschiedliche mögliche Ausgänge (unterschiedliche Möglichkeiten). Die Anzahl der Möglichkeiten gibt an, wie viele Pfade ein Baumdiagramm an dieser Stelle hat. An jedem Pfad steht die dazugehörende Wahrscheinlichkeit.

Beispiel: *Kommt die Lieferung pünktlich an? Hierbei gibt es zwei mögliche Ausgänge: Entweder die Lieferung kommt pünktlich (mit der Wahrscheinlichkeit 95 %) oder sie kommt verspätet (mit der Wahrscheinlichkeit 5 %). Das sind zwei Möglichkeiten. Die dazugehörigen Wahrscheinlichkeiten stehen an dem jeweiligen Pfad.*

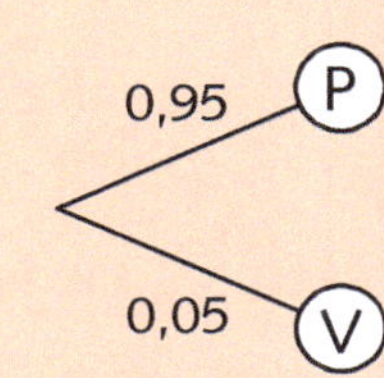

P: pünktlich
V: verspätet

Stufen innerhalb eines Baumdiagramms

→ zusätzliche Übungen als ONLINE-MATERIAL erhältlich

Das Baumdiagramm erweitert sich um eine zusätzliche Stufe, wenn

- man nach der ersten Handlung eine zweite Handlung durchführt,
- nach einer ersten Entscheidung eine zweite Entscheidung trifft oder
- nacheinander unterschiedliche Zustände von Dingen betrachtet.

Beispiel: *Die erste Handlung bestand darin festzustellen, ob die Lieferung pünktlich ist. Die zweite Handlung könnte nun die Überprüfung sein, ob die Lieferung einwandfrei oder beschädigt ist.*

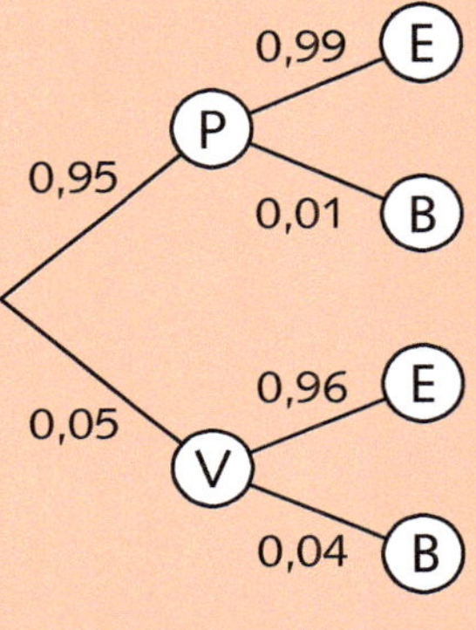

E: einwandfrei
B: beschädigt

1. Pfadregel (Multiplikation)

Die Wahrscheinlichkeit für ein Ergebnis berechnet sich durch Multiplizieren der Wahrscheinlichkeiten, die entlang des zugehörigen Pfades stehen.

Beispiel: *Die Wahrscheinlichkeit, dass eine Lieferung zur richtigen Zeit und in der richtigen Qualität beim Empfänger eintrifft, beträgt:*

$0{,}95 \cdot 0{,}99 = 0{,}9405 \Longrightarrow 94{,}05\,\%$

2. Pfadregel (Multiplikation)

Gehören mehrere Ergebnisse inhaltlich zusammen, so spricht man von einem Ereignis. Die Wahrscheinlichkeit eines Ereignisses erhält man, indem man die Wahrscheinlichkeiten der dazugehörigen Ergebnisse addiert.

Beispiel: *Die Wahrscheinlichkeit, dass eine Lieferung beschädigt ist, beträgt:*

$0{,}95 \cdot 0{,}01 + 0{,}05 \cdot 0{,}04 = 0{,}0115 \Longrightarrow 1{,}15\,\%$

Aktivbereich

Ein Kunde der *LMD Transport & Logistik AG* lässt die Hälfte seiner Aufträge auf dem Landweg innerhalb von Europa transportieren. 30 % gehen in der Regel als Luftfracht in die USA. Die restlichen Aufträge werden auf dem Seeweg verschifft.

Langjährige Erfahrungswerte zeigen, dass es auf dem Landweg in 6,5 % der Fälle zu Verspätungen kommt. Der Luftweg ist zuverlässiger: Hier kommt es lediglich in 2,5 % der Fälle zu einer verspäteten Auslieferung. Auf dem Seeweg sind die geplanten Transportzeiten wesentlich länger, wodurch sich Fristen leichter einhalten lassen. Die Zahl der Verspätungen liegt hier nur bei 1 %.

Erstellen Sie ein Baumdiagramm, das die Situation als zweistufiges Zufallsexperiment abbildet. *(Hilfe: 1. Stufe: Transportart / 2. Stufe: Pünktlichkeit).*

Berechnen Sie die jeweiligen Pfadwahrscheinlichkeiten.

Kunde: *„Im vergangenen Jahr kamen 4 % meiner Lieferungen verspätet am Zielort an. Dieser Wert ist aber unerwartet hoch!“*

Beurteilen Sie die Aussage des Kunden.

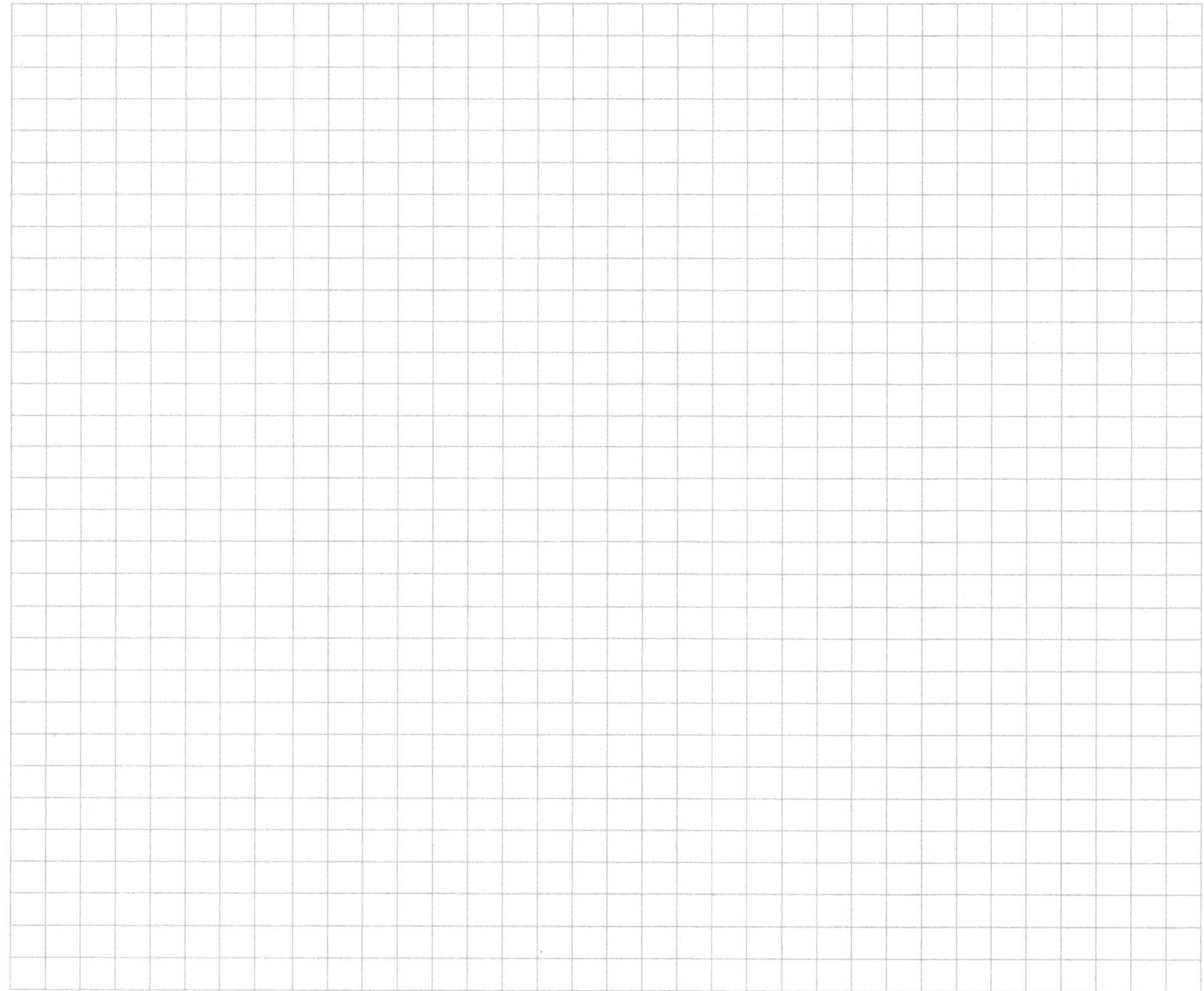

Übungsaufgaben

Aufgabe 1

Ein Fahrradhersteller aus Kleve produziert Trekkingräder. Vor Kurzem wurden auch Trekking-E-Bikes in das Sortiment aufgenommen. Laut Produktionsplanung machen die E-Bikes 33 % der Gesamtproduktion aus. Bei den restlichen Fahrrädern handelt es sich um klassische Trekkingräder. Um eine hohe Qualität der Fahrräder zu gewährleisten, wird jedes Fahrrad nach der Fertigstellung einer Endkontrolle unterzogen (Qualitätskontrolle).

In der Vergangenheit mussten stets 4 % der produzierten Trekkingräder nachgebessert werden. Man geht davon aus, dass sich dieser Wert bei den E-Bikes um 3 % erhöht.

Stellen Sie die Situation als zweistufiges Zufallsexperiment **dar**, indem Sie das vorhandene Baumdiagramm vervollständigen *(E: E-Bike / $\overline{E}$: kein E-Bike / N: Nachbesserung / $\overline{N}$: keine Nachbesserung).*

Berechnen Sie die jeweiligen Pfadwahrscheinlichkeiten.

Produktionsleiter: „*Durch die Produktion der E-Bikes erhöht sich die Wahrscheinlichkeit, dass ein Fahrrad nachgebessert werden muss, um knapp 1 %.*“

Beurteilen Sie die Aussage des Produktionsleiters.

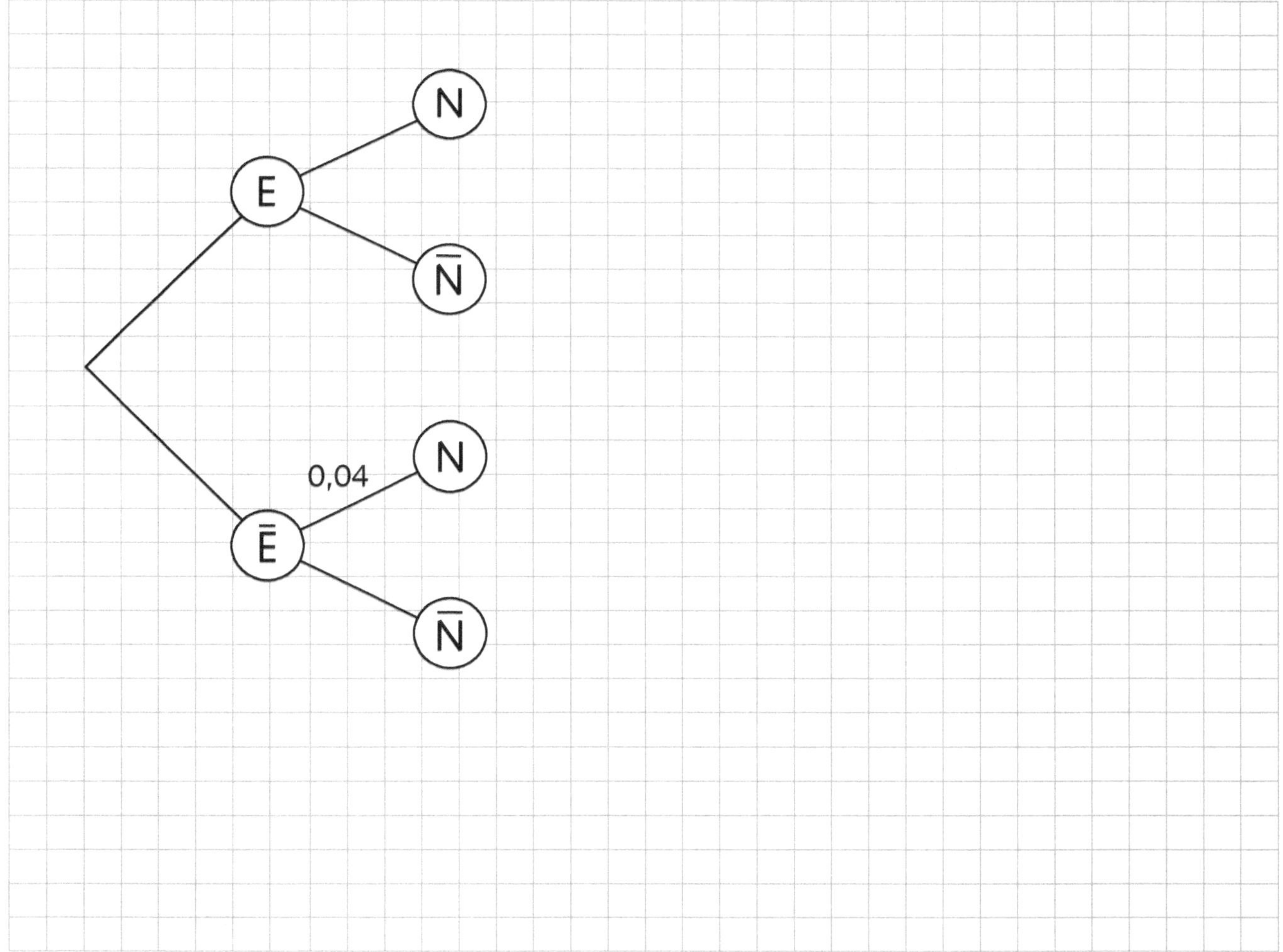

Aufgabe 2

Ein Süßwarenfabrikant aus Paderborn besitzt ein hervorragendes **Qualitätsmanagement**. Man kann damit Fehler in der Produktion erkennen, **analysieren** und dauerhaft abstellen. Bei der automatisierten Produktion von Schokoriegeln treten zwei unterschiedliche Fehler auf: entweder ist die Form der Schokoriegel fehlerhaft oder die Verpackung ist fehlerhaft.

Die **Analyse** der vergangenen Produktionszahlen hat gezeigt, dass die Schokoriegel mit einer 99%igen Wahrscheinlichkeit richtig geformt sind. Allerdings werden zwei Prozent der einwandfreien Schokoriegel fehlerhaft verpackt. Bei Schokoriegeln mit einer falschen Form beträgt die Wahrscheinlichkeit einer fehlerhaften Verpackung sogar 80 %.

Stellen Sie die Situation als zweistufiges Zufallsexperiment **dar**, indem Sie das vorhandene Baumdiagramm vervollständigen *(F: fehlerhafte Form / $\overline{F}$: keine fehlerhafte Form / V: fehlerhafte Verpackung / $\overline{V}$: keine fehlerhafte Verpackung).*

Berechnen Sie die jeweiligen Pfadwahrscheinlichkeiten.

Produktionsleiter: *„Die Wahrscheinlichkeit, dass ein Schokoriegel fehlerhaft ist und aussortiert werden muss, liegt bei etwa 3 %. Unser Ziel ist es, diesen Wert noch weiter zu senken.“*

Beurteilen Sie die Aussage des Produktionsleiters.

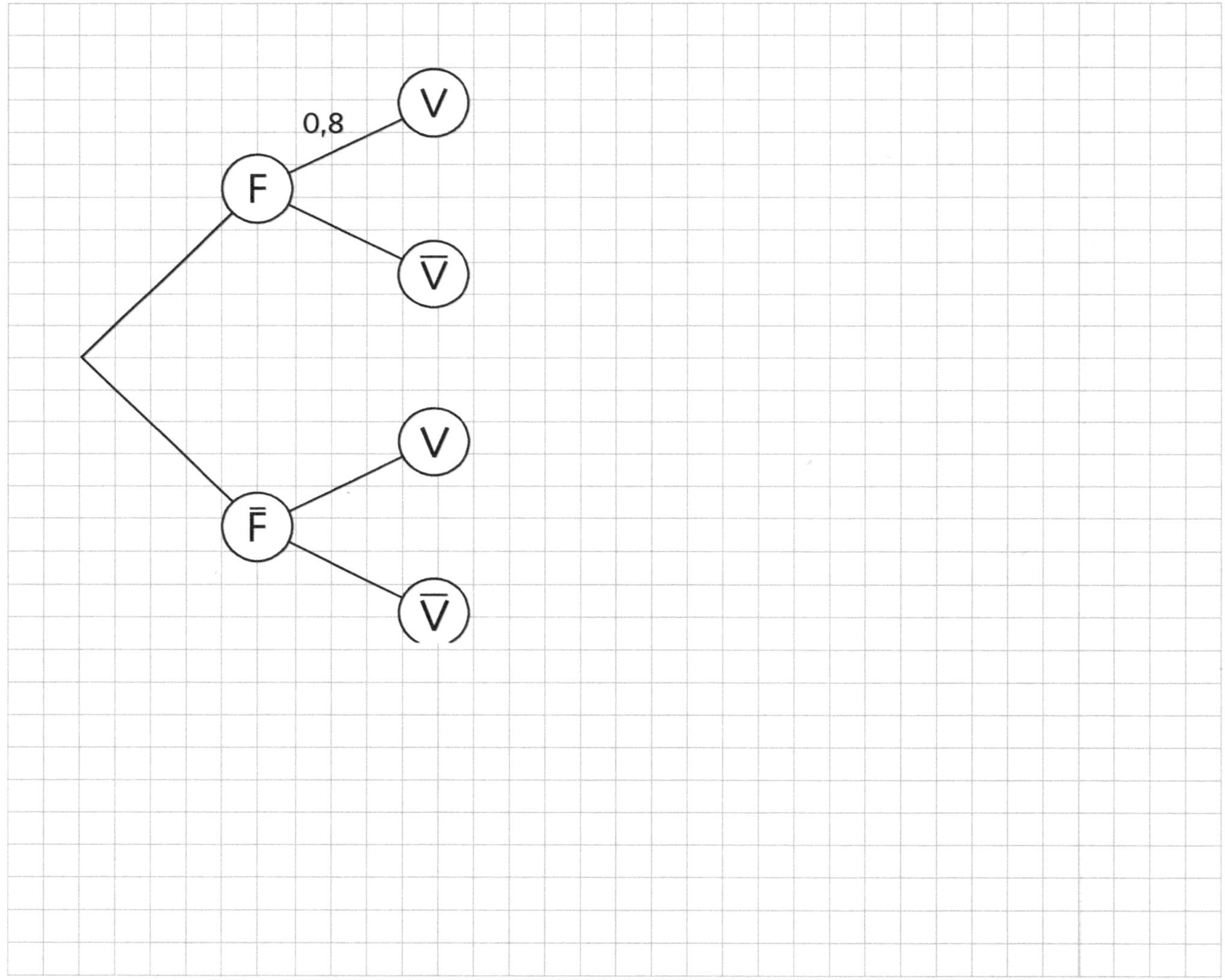

Aufgabe 3

Ein Großhändler aus Neuss beliefert verschiedene Schul- und Firmenkantinen mit Getränken. Der Empfänger muss bei der Lieferung den Lieferschein unterschreiben. Auf diese Weise bestätigt er, dass die Lieferung vollständig und unbeschädigt ist. Unregelmäßigkeiten (zum Beispiel fehlende Ware, beschädigte Ware) werden auf dem Lieferschein festgehalten.

Am häufigsten lässt sich ein **Mangel** in der Menge feststellen. In der Regel handelt es sich dabei um fehlende Ware – dieser Mangel lässt sich bei 2 % der Lieferungen beobachten.

Die Erfahrungen der letzten Jahre haben ebenfalls gezeigt, dass beim Transport immer wieder Waren beschädigt werden (**Mangel** in der Beschaffenheit). Hiervon sind 1,5 % der Lieferungen betroffen.

Erstellen Sie ein Baumdiagramm, das die Situation als zweistufiges Zufallsexperiment abbildet.

Berechnen Sie die jeweiligen Pfadwahrscheinlichkeiten.

Großhändler: *„Die Wahrscheinlichkeit, dass unsere Lieferungen nicht einwandfrei sind, liegt bei 3,5 %"*

Beurteilen Sie die Aussage des Großhändlers.

Aufgabe 4

In einem Supermarkt werden Pfandflaschen am Automaten zurückgegeben. Der überwiegende Teil der Pfandflaschen ist aus PET und wird geschreddert (65 %). Bei den übrigen Flaschen handelt es sich um Glasflaschen. Bei der Rückgabe kann der Barcode nicht immer einwandfrei gelesen werden. Dies hat zur Folge, dass manche Pfandflaschen abgewiesen werden und eine Servicekraft einen von Hand geschriebenen Pfandbon ausstellen muss.

Allgemeine Erfahrungswerte zeigen, dass bei den PET-Flaschen in 8 % der Fälle der Barcode nicht korrekt gelesen wird. Die Rückgabe der Glasflaschen ist in der Regel problemloser. Hier beträgt die Wahrscheinlichkeit eines Barcode-Fehlers lediglich 2 %.

Erstellen Sie ein Baumdiagramm, das die Situation als zweistufiges Zufallsexperiment abbildet.

Berechnen Sie die jeweiligen Pfadwahrscheinlichkeiten.

Marktleiter: „*Bei jeder zehnten Pfandflasche muss eine Servicekraft einen Pfandbon ausstellen, weil der Barcode nicht richtig gelesen wird.*“

Beurteilen Sie die Aussage des Marktleiters.

Aufgabe 5

Ein Möbelfabrikant lässt für die Produktion von Schränken eine große Anzahl an Spanholzplatten herstellen. Die Spanholzplatten dienen als Schrankrückwand und werden in drei unterschiedlichen Größen produziert: breit (95 cm x 210 cm), mittel (70 cm x 210 cm) und schmal (45 cm x 210 cm). Laut Produktionsplanung ist ein Viertel der produzierten Spanholzplatten schmal und ein Fünftel breit. Die restlichen Spanholzplatten sind mittel. Damit sich die Spanholzplatten einbauen lassen, müssen die Maße stets exakt eingehalten werden. Zu kleine oder zu große Spanholzplatten sind **Ausschuss** und können nicht verwendet werden.

Allgemeine Erfahrungswerte zeigen, dass 3,5 % der mittleren Spanholzplatten eine falsche Größe besitzen. Bei den schmalen Spanholzplatten sind 6 % fehlerhaft und bei den breiten Spanholzplatten sind es 8 %.

Erstellen Sie ein Baumdiagramm, das die Situation als zweistufiges Zufallsexperiment abbildet.

Berechnen Sie die jeweiligen Pfadwahrscheinlichkeiten.

Produktionsleiter: *„Unsere Ausschusszahlen bei den Spanholzplatten sind viel zu hoch. Ich schätze, dass das regelmäßig circa 5 % sind. Dagegen müssen wir dringend etwas unternehmen!"*

Beurteilen Sie die Aussage des Produktionsleiters.

Aufgabe 6

Die Stadtverwaltung einer Kleinstadt hat zwei Ausbildungsplätze zum bzw. zur Verwaltungsfachangestellten ausgeschrieben. Das Auswahlverfahren startet mit einem schriftlichen Prüfungsteil. Nur wer dort eine ausreichende Punktzahl erzielt, wird zum mündlichen Auswahlverfahren eingeladen. Der schriftliche Prüfungsteil setzt sich zusammen aus Aufgaben zum Sprachverständnis und zum Zahlenverständnis.

In den letzten Jahren hat sich gezeigt, dass 40 % der Bewerberinnen und Bewerber im Aufgabenteil zum Sprachverständnis (deutsche Rechtschreibung, Grammatik und Textverständnis) keine ausreichende Punktzahl erzielen. Von denen, die den Aufgabenteil zum Sprachverständnis bestehen, schneiden 70 % auch beim Aufgabenteil zum Zahlenverständnis erfolgreich ab.

Wer Defizite im Aufgabenteil zum Sprachverständnis hatte, hat in 8 von 10 Fällen auch im Aufgabenteil zum Zahlenverständnis keine ausreichende Punktzahl.

Erstellen Sie ein Baumdiagramm, das die Situation als zweistufiges Zufallsexperiment abbildet.

Berechnen Sie die jeweiligen Pfadwahrscheinlichkeiten.

Personalreferentin: „*Wahrscheinlich wird über die Hälfte der Bewerberinnen und Bewerber den Eignungstest nicht schaffen, weil sie nicht ausreichend vorbereitet sind. Dabei gibt es im Internet doch so viele Möglichkeiten, Eignungstests zu üben!*“

Beurteilen Sie die Aussage der Personalreferentin.

Aufgabe 7

Das Bonner **Start-up** *Green & Fresh Express* ist ein Lieferservice für frisches Obst und Gemüse. Durch Kooperationen mit drei regionalen Landwirten liefert *Green & Fresh Express* erntefrische Produkte direkt zum Kunden nach Hause. Der nachhaltige Anbau ist dem Unternehmen besonders wichtig. Deshalb muss das Obst und Gemüse auch nicht immer optischen Idealen entsprechen. B-Waren, also Obst und Gemüse mit Abweichungen in Form und Farbe, sind ebenfalls willkommen.

Der Großteil der verkauften Waren (60 %) stammt von einem Landwirt aus dem Rhein-Sieg-Kreis. Erfahrungswerte haben gezeigt, dass dieser Lieferant in 10 % der Fälle B-Ware liefert.

Ein Viertel der verkauften Waren bezieht *Green & Fresh Express* von einem Hofladen aus Frechen. Der Hofladen liefert in 30 % der Fälle B-Ware.

Die restlichen Waren stammen von einem Bio-Bauern aus Euskirchen. Hier haben 40 % der Waren Abweichungen in Form und Farbe.

Erstellen Sie ein Baumdiagramm, das die Situation als zweistufiges Zufallsexperiment abbildet.

Berechnen Sie die jeweiligen Pfadwahrscheinlichkeiten.

Geschäftsführerin: *„Auch wenn wir aus Gründen der Nachhaltigkeit sehr gerne B-Ware anbieten, liegt die Wahrscheinlichkeit, dass Kunden B-Ware erhalten, bei unter 20 %."*

Beurteilen Sie die Aussage der Geschäftsführerin.

Aufgabe 8

Ein Bielefelder Unternehmen für Kunststofftechnik produziert Kunststoffteile für die Automobilbranche.

Das Unternehmen hat hohe Erwartungen an die Qualität seiner Produkte. Deshalb werden zahlreiche Qualitätskontrollen durchgeführt. Bei der Produktion von Stoßfängern findet eine elektronische Abschlusskontrolle statt. Dadurch möchte man verhindern, dass fehlerhafte Produkte an den Automobilhersteller ausgeliefert werden.

Aufgrund von Erfahrungswerten geht das Unternehmen davon aus, dass 4 % der produzierten Stoßfänger tatsächlich fehlerhaft sind. Dank der elektronischen Qualitätskontrolle werden diese aber mit einer Wahrscheinlichkeit von 99 % erkannt und aussortiert.

Leider werden dabei mit einer zweiprozentigen Wahrscheinlichkeit auch einwandfreie Stoßfänger vom Messgerät aussortiert. Hierbei handelt es sich somit fälschlicherweise um einen **Ausschuss**.

Erstellen Sie ein Baumdiagramm, das die Situation als zweistufiges Zufallsexperiment abbildet.

Berechnen Sie die jeweiligen Pfadwahrscheinlichkeiten.

Produktionsleiter: *„Die Wahrscheinlichkeit, dass bei der Qualitätskontrolle ein Stoßdämpfer aussortiert wird, liegt bei unter 3 %."*

Beurteilen Sie die Aussage des Produktionsleiters.

Aufgabe 9

Ein Getränkeabfüller aus Gelsenkirchen befüllt täglich 120.000 PET-Flaschen. Die Flaschen werden bis zur Sollmenge befüllt und anschließend automatisch verschlossen. Danach durchläuft jede Falsche zwei vollautomatische Kontrollsysteme. Hierbei werden die korrekte Füllmenge und der ordnungsgemäße Verschluss kontrolliert.

Da die Abfüllanlage nicht mehr auf dem neuesten Stand ist, treten immer häufiger technische Probleme auf. Der Getränkeabfüller geht davon aus, dass jede zehnte PET-Flasche eine falsche Füllmenge besitzt. Unabhängig davon sind bei der Verschlussautomatik solche Probleme bislang nicht aufgetreten. Erfreulicherweise sind 99,5 % aller Flaschen ordnungsgemäß verschlossen.

Erstellen Sie ein Baumdiagramm, das die Situation als zweistufiges Zufallsexperiment abbildet.

Berechnen Sie die jeweiligen Pfadwahrscheinlichkeiten.

Produktionsleiter: „*Wir müssen dringend die Probleme mit der Füllmenge in den Griff bekommen. Wahrscheinlich werden bei der Abfüllung mehr als 12.000 Flaschen als* **Ausschuss** *aussortiert. Ein solcher Wert ist untragbar.*“

Beurteilen Sie die Aussage des Produktionsleiters.

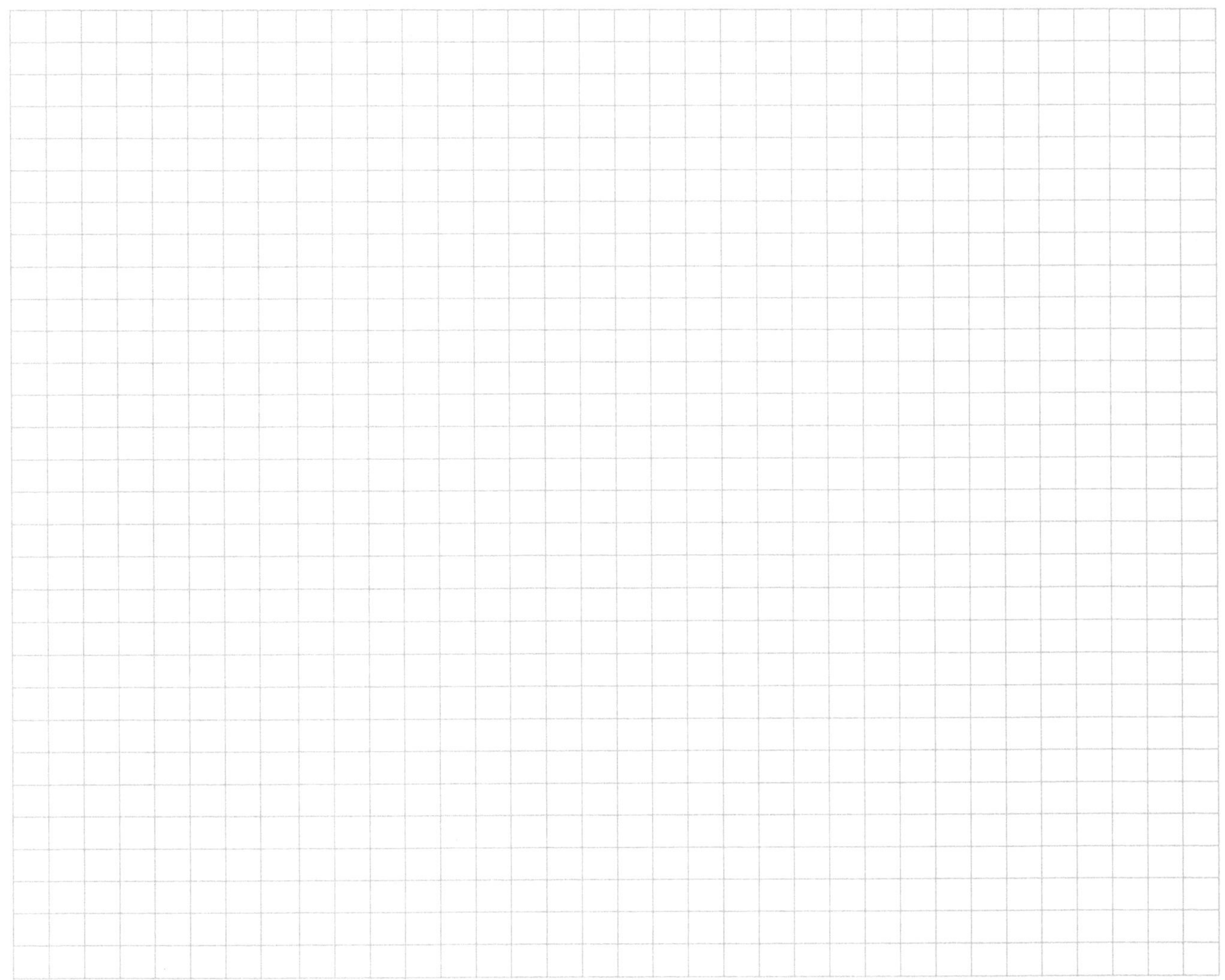

Notizen/Merksätze/Lernhilfen

Kapitel 11 Lineare Funktionen

Einführung

Wenn man sich anschaut, worauf es in zahlreichen Ausbildungsberufen ankommt, liest man in den Beschreibungen immer wieder den Begriff „Kaufmännisches Denken" – doch was bedeutet dies?

In erster Linie geht es darum, wirtschaftliche Zusammenhänge zu verstehen. Wirtschaftliche Zusammenhänge sind in der Realität sehr komplex. Die Grundlagen wirtschaftlicher Zusammenhänge lassen sich aber in Modellen darstellen. Bei einem Modell handelt es sich um eine vereinfachte Abbildung der Realität. Hierbei betrachtet man nur die wichtigsten Einflussfaktoren. Die einfachste Form, um solche Zusammenhänge mathematisch zu beschreiben, ist eine lineare Funktion[1].

Es gibt drei Modelle, die man aus mathematischer Sicht als Grundlage des kaufmännischen Denkens bezeichnen kann:

- Zusammenhang von Angebot und Nachfrage
- Kostenvergleich von zwei Alternativen
- Zusammenhang von Erlösen, Kosten und Gewinn

1 Siehe auch: Grundlagen der Analysis

Kapitel 11.1 Lineare Funktionen (Angebot und Nachfrage)

INFO: Angebot und Nachfrage

In einem **Polypol** ergibt sich der Verkaufspreis einer Ware oder einer Dienstleistung durch den Zusammenhang von Angebot und Nachfrage. Hierbei geht es also um zwei unterschiedliche Betrachtungsweisen: aus Sicht der Anbieter (Unternehmen) und aus Sicht der Nachfrager (Kunden).

Beide Gruppen verfolgen jedoch unterschiedliche Ziele: Die Anbieter wollen einen hohen Verkaufspreis erzielen und die Nachfrager möglichst günstig einkaufen. Das Modell von Angebot und Nachfrage stellt einen rechnerischen Zusammenhang zwischen der Absatzmenge (*x-Wert*) und dem dazugehörigen Preis (*y-Wert*) her.

Um dies nachzuvollziehen, muss man folgende Begriffe verstehen:

Angebot

Je höher der mögliche Verkaufspreis eines Produkts ist, desto größer ist vermutlich auch der zu erwartende Gewinn. Lassen sich mit einem Produkt also recht einfach hohe Gewinne erzielen, dann wollen auch mehr Unternehmen dieses Produkt herstellen und anbieten. Die Angebotsmenge wird größer.

Je höher der Preis, desto höher ist das Angebot.

Die Angebotsfunktion ist stets eine **steigende Funktion**.

Nachfrage

Hohe Preise übersteigen oft die finanziellen Mittel der Käuferinnen und Käufer. Sie können sich die Ware nicht leisten oder sind nicht bereit, so viel Geld dafür auszugeben. Die Nachfragemenge wird geringer.

Je höher der Preis, desto geringer ist die Nachfrage.

Die Nachfragefunktion ist stets eine **fallende Funktion**.

Marktgleichgewicht

Als Marktgleichgewicht *(MGG)* bezeichnet man den Punkt, in dem sich die Nachfragefunktion und die Angebotsfunktion schneiden. In diesem Schnittpunkt wird auf dem Markt die gleiche Menge eines bestimmten Produkts sowohl angeboten als auch nachgefragt. Angebot und Nachfrage befinden sich also im Gleichgewicht. Es gilt:

Angebot = Nachfrage

In der Theorie wird sich der Preis im Marktgleichgewicht einpendeln. In der Realität handelt es sich dabei eher um einen Richtwert, an dem sich die Preise orientieren.

$p_A(x) = p_N(x)$

Der *x-Wert* des Marktgleichgewichts ist die Gleichgewichtsmenge *(GGM)* und der dazugehörige *y-Wert* ist der Gleichgewichtspreis *(GGP)*.

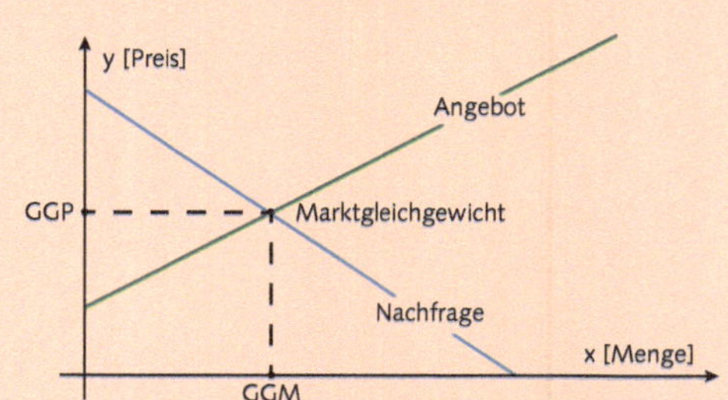

Aktivbereich

In einer Stadt eröffnet eine neue Pizzeria. Da es in der Stadt bereits zahlreiche Pizzerien (Anbieter) gibt, handelt es sich um ein **Polypol**. Das bedeutet, dass die verschiedenen Anbieter in Konkurrenz zueinander stehen. Die Inhaberin der Pizzeria möchte den Preis für eine kleine *Pizza Margherita* auf 10,00 EUR festsetzen.

Beurteilen Sie die Idee der Inhaberin.

Nennen Sie Vor- und Nachteile eines solchen Verkaufspreises.

Für eine bessere Beurteilung der Situation erhalten Sie nun Hintergrundinformationen:

Das Angebot und die Nachfrage für *Pizza Margherita* lässt sich in einem Modell darstellen. Die folgenden beiden Funktionen beschreiben das Verhalten der Anbieter und der Nachfrager für einen Zeitraum von einem Monat:

$$p_A(x) = 0{,}0004x + 4{,}5$$
$$p_N(x) = -0{,}0006x + 11$$

Mithilfe der beiden Funktionen lässt sich der Gleichgewichtspreis für eine *Pizza Margherita* ermitteln. Dieser Preis dient der neuen Pizzeria als Richtwert bei ihrer **Preispolitik**.

Um einen ersten Überblick über die Funktionsverläufe zu erhalten, kann man die Graphen skizzieren oder mithilfe von y-Achsenabschnitt und Wertetabelle zeichnen.

Aktivbereich

Berechnen Sie die fehlenden Funktionswerte.

Angebotsfunktion $p_A(x) = 0{,}0004x + 4{,}5$

x-Wert	Berechnung des Funktionswerts (y-Wert)	**Punktschreibweise** P (x-Wert|y-Wert)
$x = 0$	$p_A(0) = 0{,}0004 \cdot 0 + 4{,}5 = 4{,}5$	$P(0\|4{,}5)$
$x = 2.500$	$p_A(2.500) =$	
$x = 15.000$		

Nachfragefunktion $p_N(x) = -0{,}0006x + 11$

x-Wert	Berechnung des Funktionswerts (y-Wert)	**Punktschreibweise** P (x-Wert|y-Wert)
$x = 0$		
$x = 2.500$		
$x = 15.000$		

Zeichnen Sie die Graphen der Angebotsfunktion und der Nachfragefunktion in das nachfolgende Koordinatensystem.

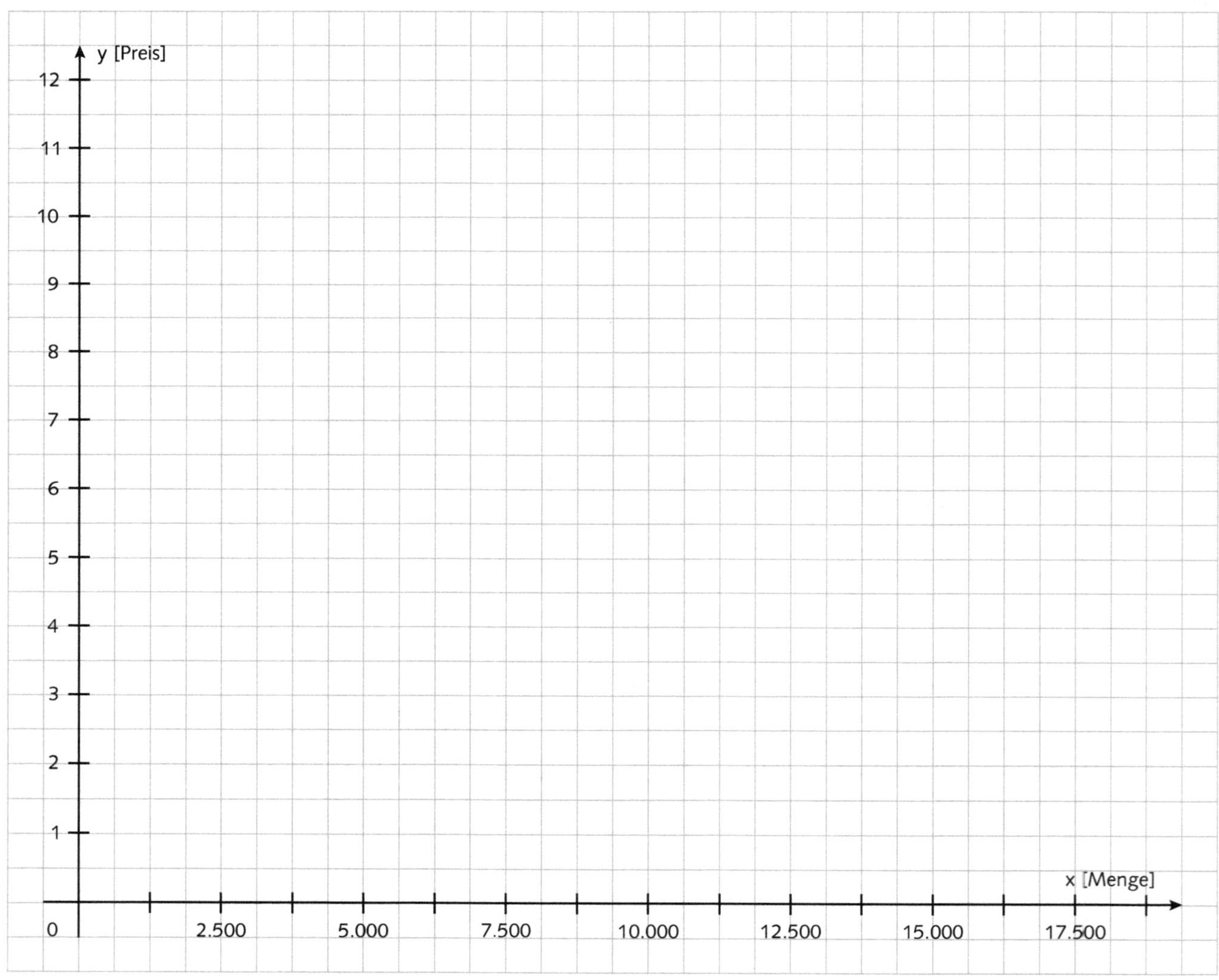

Aktivbereich

Auch in einer Zeichnung lässt sich der Schnittpunkt von Angebot und Nachfrage nicht immer exakt ablesen.

Um herauszufinden, bei welcher Menge Angebot und Nachfrage im Gleichgewicht sind, berechnet man den x-Wert, bei dem sich die Angebotsfunktion und die Nachfragefunktion schneiden (= Gleichgewichtsmenge).

Schritt 1: Funktionen gleichsetzen. Die Bedingung lautet: $p_A(x) = p_N(x)$

Schritt 2: Gleichung nach *x* auflösen und so die Gleichgewichtsmenge ermitteln.

Schritt 3: Den ermittelten *x*-Wert in eine der beiden Gleichungen einsetzen und so den dazugehörigen *y*-Wert ermitteln. Das ist der Gleichgewichtspreis.

Ermitteln Sie das Marktgleichgewicht.

Beurteilen Sie erneut die Überlegung der Pizzeria-Inhaberin, den Verkaufspreis für eine kleine *Pizza Margherita* auf 10,00 EUR festzusetzen.

Übungsaufgaben

Aufgabe 1

Eine Marktstudie hat sich mit dem Verhalten der Anbieter und Nachfrager für VR-Brillen beschäftigt. Das Ergebnis der Studie zeigt, dass man Angebot und Nachfrage als lineare Funktionen abbilden kann.

$p_A(x) = 0{,}0006x + 30$

$p_N(x) = -0{,}0009x + 180$

Ermitteln Sie das Marktgleichgewicht.

Zeichnen Sie die Angebotsfunktion und die Nachfragefunktion in das Koordinatensystem. *(Tipp: Nutzen Sie den ermittelten Schnittpunkt und die y-Achsenabschnitte.)*

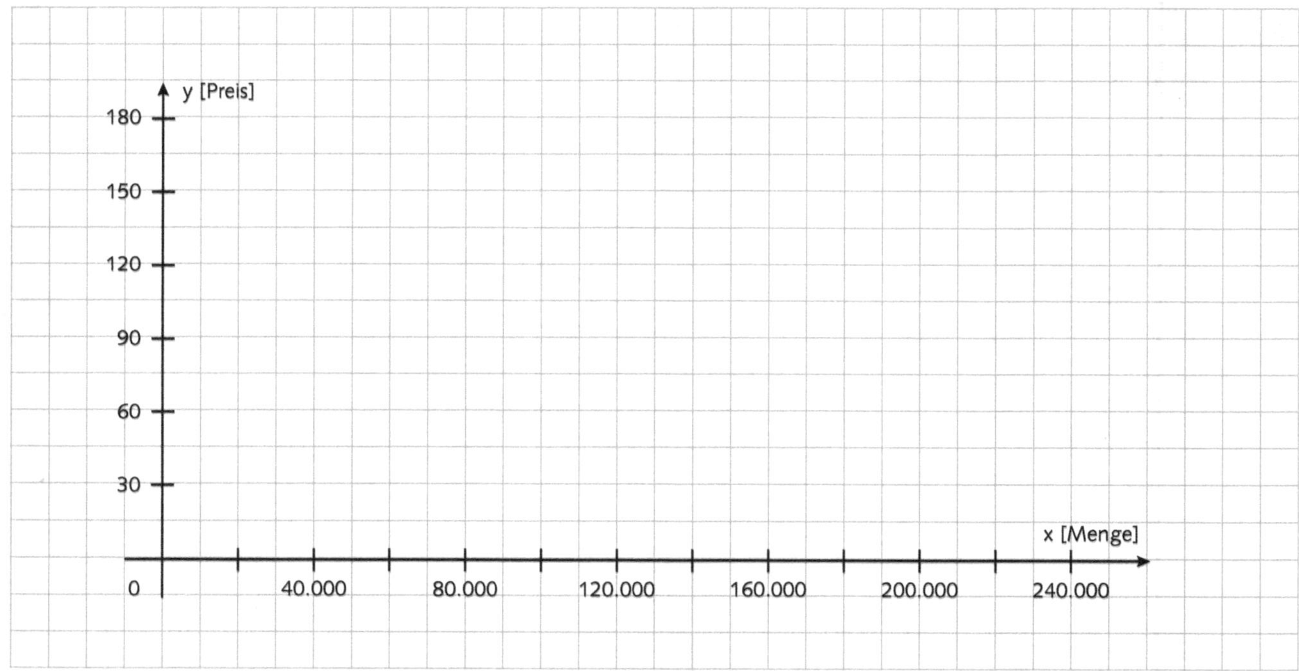

Aufgabe 2

Ein Hersteller von Neoprenanzügen setzt für Shortys (Neoprenanzüge mir kurzen Ärmeln und Beinen) folgende Nachfragefunktion voraus: $p_N(x) = -0{,}05x + 220$

Die dazugehörige Angebotsfunktion lautet: $p_A(x) = 0{,}03x + 60$

Ermitteln Sie das Marktgleichgewicht.

Zeichnen Sie die Angebotsfunktion und die Nachfragefunktion in das Koordinatensystem.

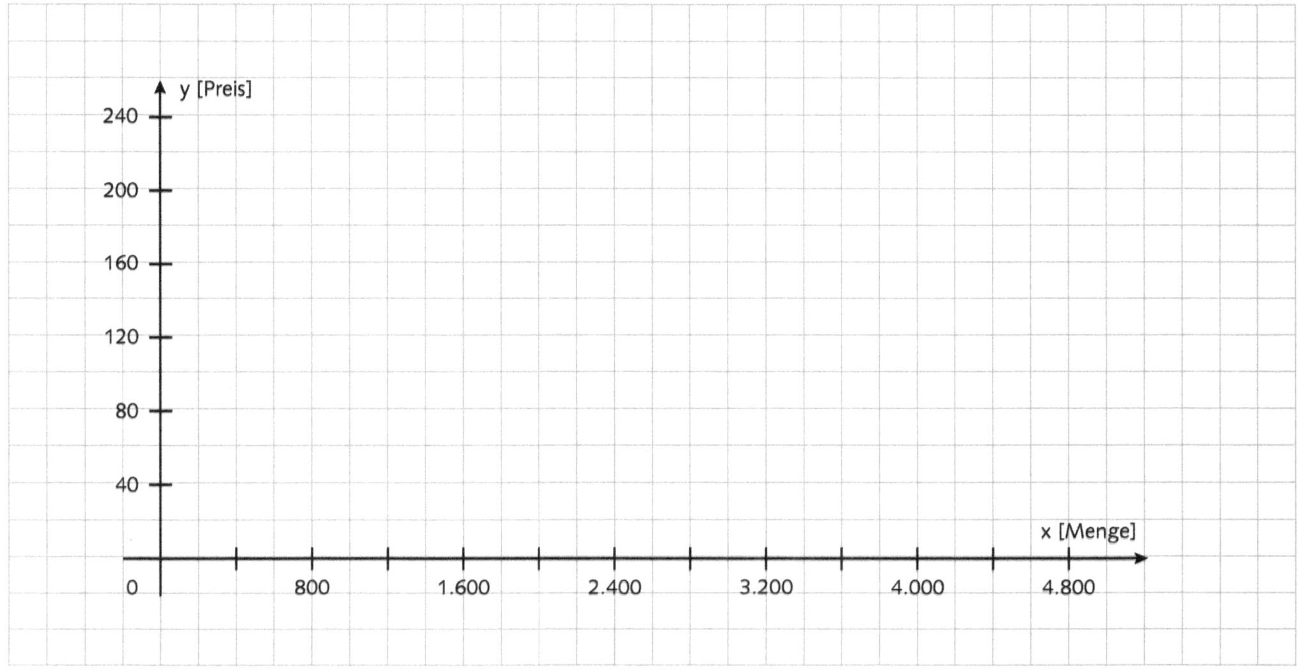

Aufgabe 3

Die Absatzprognose für MTB-E-Bikes hat ergeben, dass das Nachfrageverhalten einen linearen Zusammenhang besitzt.

Die Nachfragefunktion lautet: $p_N(x) = -0{,}015x + 3.750$

Die dazugehörige Angebotsfunktion lautet: $p_A(x) = 0{,}005x + 750$

Ermitteln Sie das Marktgleichgewicht.

Zeichnen Sie die Angebotsfunktion und die Nachfragefunktion in das Koordinatensystem.

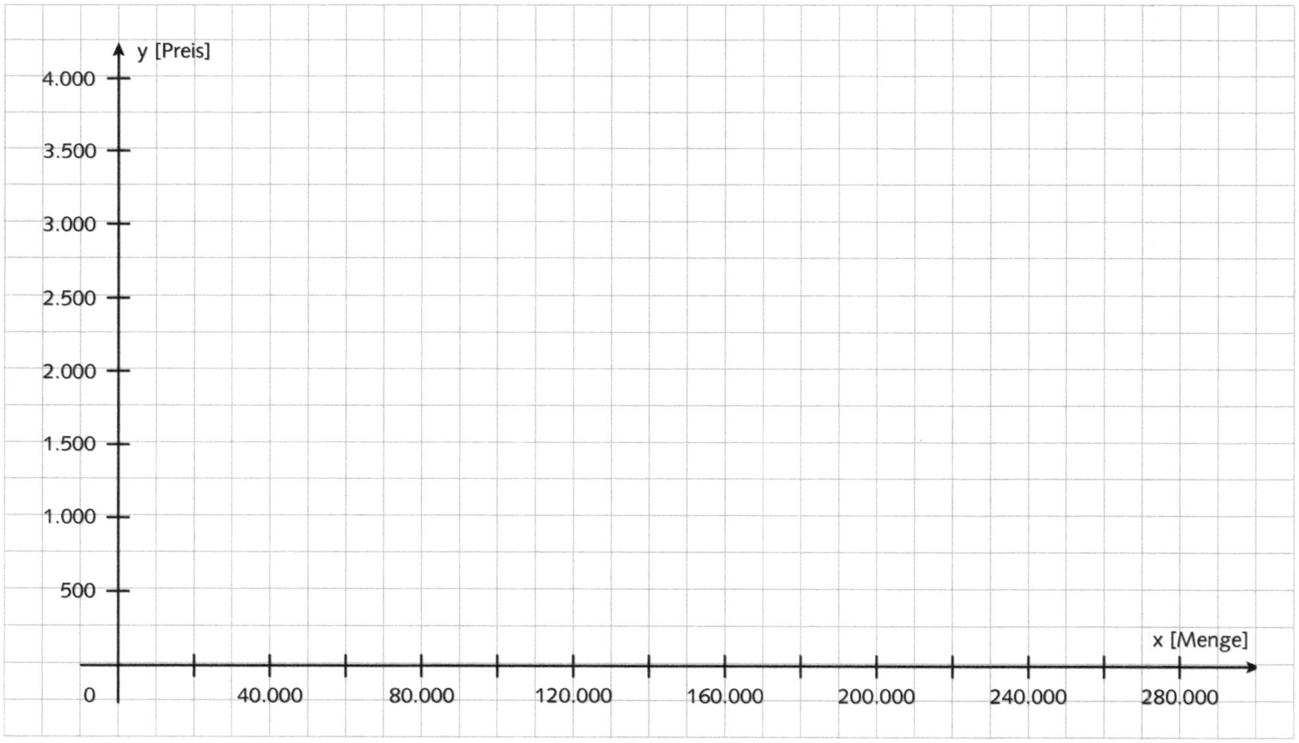

Aufgabe 4

Eine Kölner Supermarktkette hat Sushi-Boxen in ihr Sortiment aufgenommen. Aktuell hält sich die Nachfrage aber noch in Grenzen. Es wird vermutet, dass der Verkaufspreis in Höhe von 8,90 Euro falsch gewählt wurde. Daher wurde eine Marktstudie in Auftrag gegeben. Das Marktforschungsinstitut hat für den Großraum Köln die folgenden linearen Zusammenhänge von Angebot und Nachfrage ermittelt: $p_A(x) = 0{,}004x + 4{,}5 \quad p_N(x) = -0{,}008x + 12$

Ermitteln Sie das Marktgleichgewicht.

Zeichnen Sie die Angebotsfunktion und die Nachfragefunktion in das Koordinatensystem.

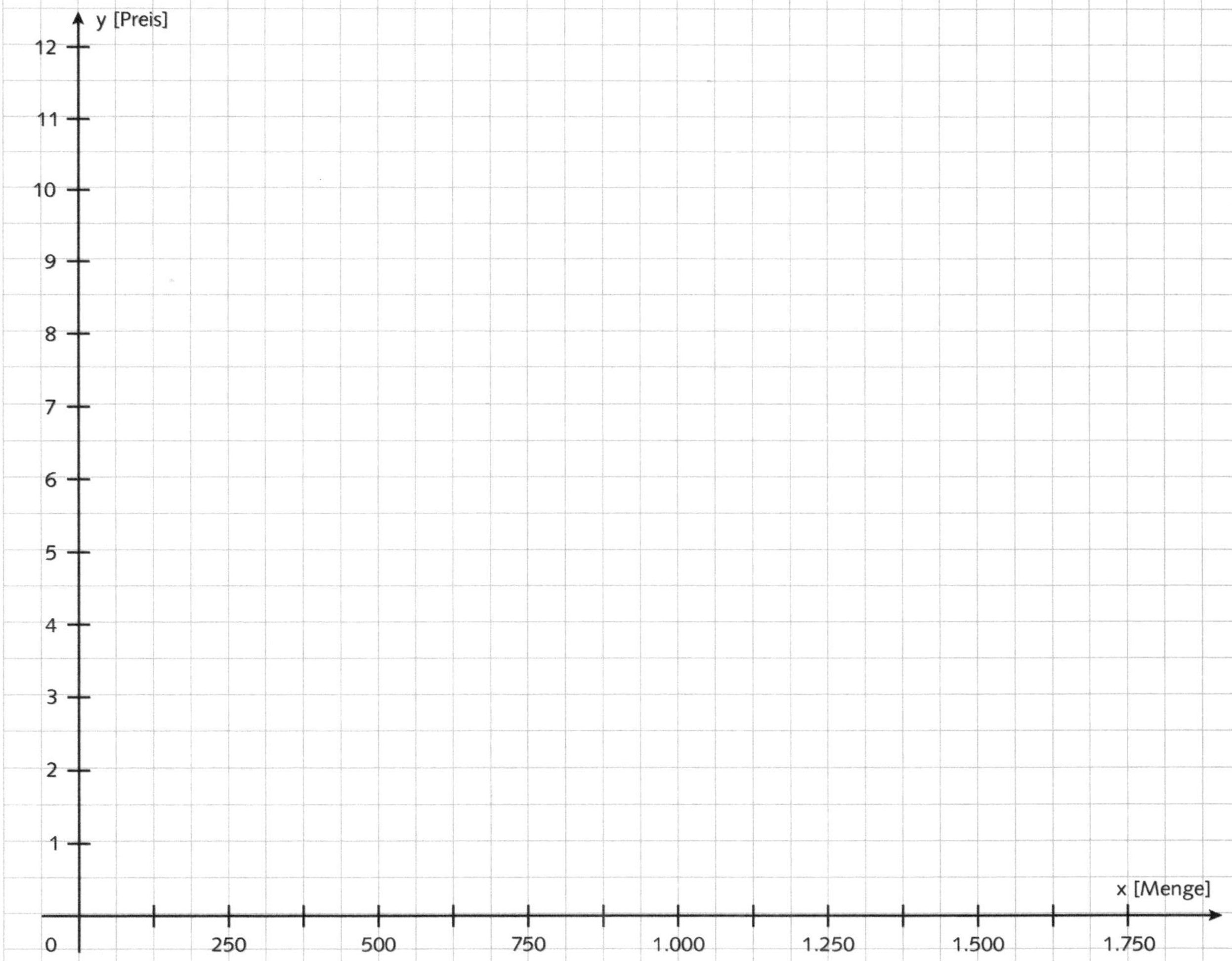

y [Preis]

12, 11, 10, 9, 8, 7, 6, 5, 4, 3, 2, 1, 0

x [Menge]

250, 500, 750, 1.000, 1.250, 1.500, 1.750

Aufgabe 5

Die Absatzprognose für Schultaschenrechner hat ergeben, dass das Nachfrageverhalten einen linearen Zusammenhang besitzt.

Die Nachfragefunktion lautet: $p_N(x) = -0{,}0005x + 55$

Die dazugehörige Angebotsfunktion lautet: $p_A(x) = 0{,}0004x + 10$

Ermitteln Sie das Marktgleichgewicht.

Zeichnen Sie die Angebotsfunktion und die Nachfragefunktion in das Koordinatensystem.

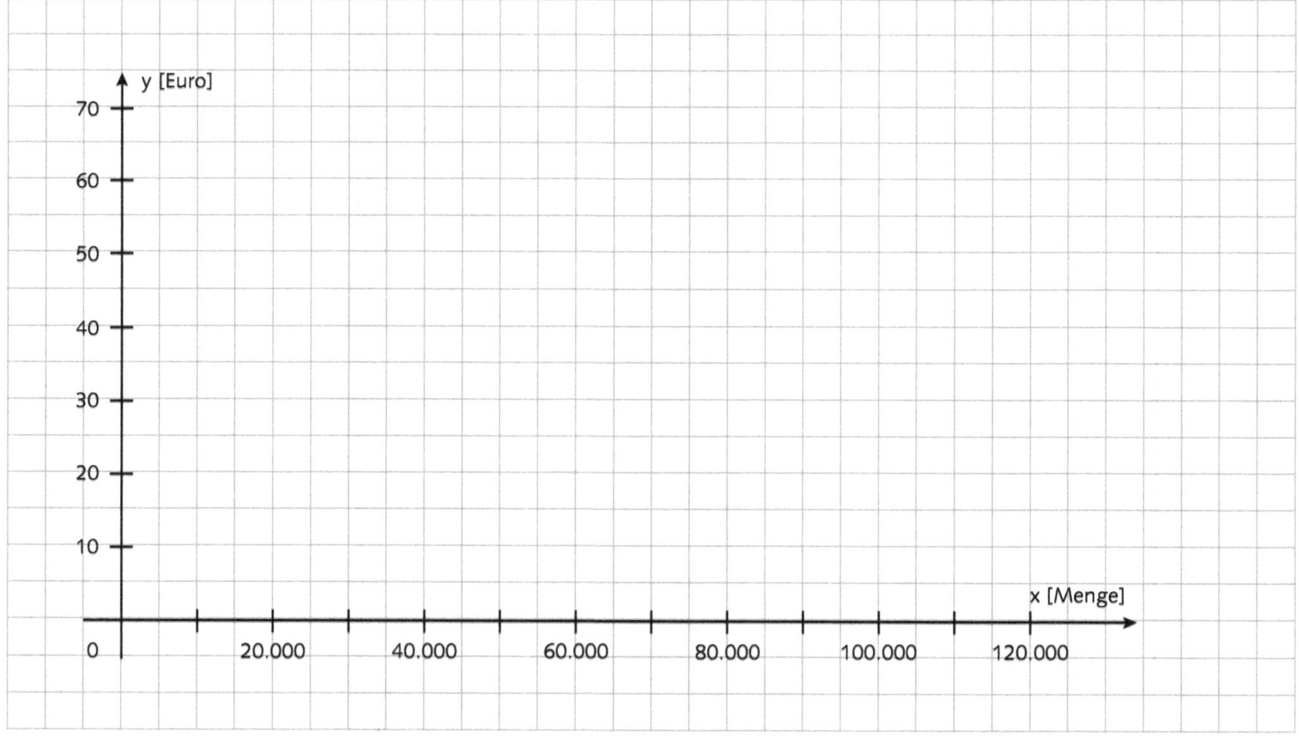

Notizen/Merksätze/Lernhilfen

Kapitel 11.2 Lineare Funktionen (Kostenvergleichsrechnung)

INFO: Kostenvergleichsrechnung

Wenn man sich zwischen zwei oder mehreren **Investitionsalternativen** entscheiden muss, kann ein Vergleich der Kosten hilfreich sein. Auf diese Weise kann herausgefunden werden, welche Alternative günstiger ist. Um eine Kostenvergleichsrechnung durchzuführen, stellt man für jede Alternative eine Kostenfunktion auf.

Eine **Kostenfunktion** beschreibt den Zusammenhang zwischen der hergestellten Menge eines Produkts (*x*-Wert) und den dafür entstandenen Kosten (*y*-Wert). Mithilfe der Kostenfunktion kann man also die Kosten für unterschiedliche Herstellungsmengen berechnen.

Um den Aufbau einer Kostenfunktion zu verstehen, muss man zwischen variablen Kosten und Fixkosten unterscheiden.

Variable Kosten

Die Multiplikation der Kosten je Stück (variable Stückkosten) mit der hergestellten Menge ergibt die variablen Kosten. Die Höhe der variablen Kosten hängt also direkt von der hergestellten Menge ab.

Variable Kosten $= \boldsymbol{k_v \cdot x}$

Fixkosten

Bei den Fixkosten handelt es sich um Kosten, die während eines bestimmten Zeitraums gleich bleiben *(z. B. innerhalb eines Monats, wie bei der Mietzahlung)*. Die Höhe der Fixkosten ist unabhängig von der hergestellten Menge.

Fixkosten $= \boldsymbol{K_f}$

Kostenfunktion

Die Kostenfunktion setzt sich aus den variablen Kosten und den Fixkosten zusammen.

$\boldsymbol{K(x) = k_v \cdot x + K_f}$

Kritische Menge

Bei einer Kostenvergleichsrechnung ist die kritische Menge von entscheidender Bedeutung. Es handelt sich dabei um die **Menge, bei der die Kosten für zwei unterschiedliche Alternativen gleich groß** sind. Mathematisch ist es also der *x*-Wert vom Schnittpunkt zweier Kostenfunktionen. Es gilt:

$\boldsymbol{K_1(x) = K_2(x)}$

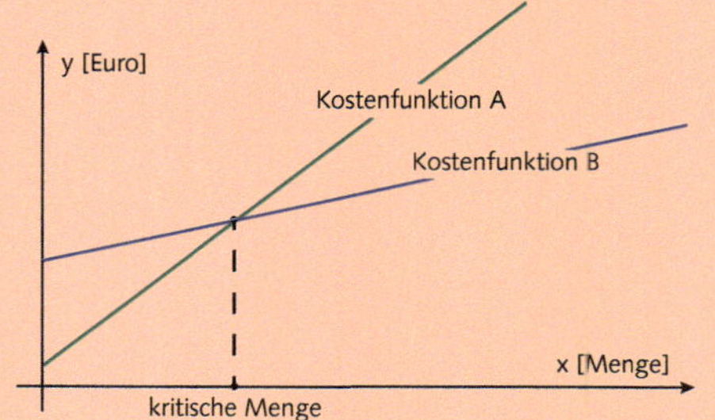

Ist die geplante Herstellungsmenge kleiner als die kritische Menge, so ist die Alternative mit den geringeren Fixkosten zu bevorzugen *(Kostenfunktion A)*. **Kalkuliert** man mit einer Herstellungsmenge, die größer als die kritische Menge ist, so wäre die Alternative mit den geringeren variablen Stückkosten günstiger *(Kostenfunktion B)*.

Aktivbereich

Eine Schreinerei benötigt eine neue Breitbandschleifmaschine. Zwei Maschinen haben es in die engere Auswahl geschafft. Die endgültige Entscheidung möchte man in Abhängigkeit von den Kosten treffen.

Maschine A:	Kosten je Schleifvorgang:	0,02 EUR
	Monatliche Fixkosten:	100,00 EUR
Maschine B:	Kosten je Schleifvorgang:	0,08 EUR
	Jährliche Fixkosten:	300,00 EUR

Beurteilen Sie spontan, welche Maschine kostengünstiger ist.

Nennen Sie Gründe, die für Maschine A bzw. für Maschine B sprechen.

Notieren Sie die Kostenfunktionen der zwei unterschiedlichen Maschinen *(Zeitraum: 1 Jahr)*.

Um zu entscheiden, welche Alternative kostengünstiger ist, berechnet man den x-Wert, bei dem sich die Kostenfunktionen schneiden (= kritische Menge).

Schritt 1: Funktionen gleichsetzen. Die Bedingung lautet: $K_A(x) = K_B(x)$

Schritt 2: Gleichung nach x auflösen und so die kritische Menge ermitteln.

Schritt 3: Den ermittelten x-Wert in eine der beiden Gleichungen einsetzen und so den dazugehörigen y-Wert ermitteln. Das ist die Höhe der Kosten.

Aktivbereich

Ermitteln Sie die kritische Menge und die dazugehörigen Kosten.

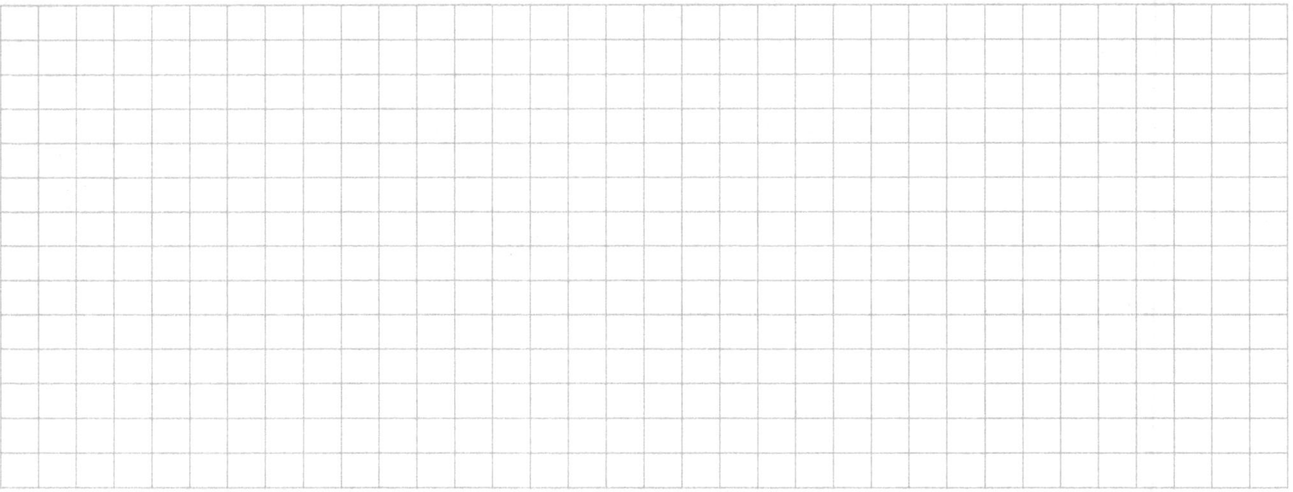

Zeichnen Sie die Graphen der zwei Kostenfunktionen in das Koordinatensystem.

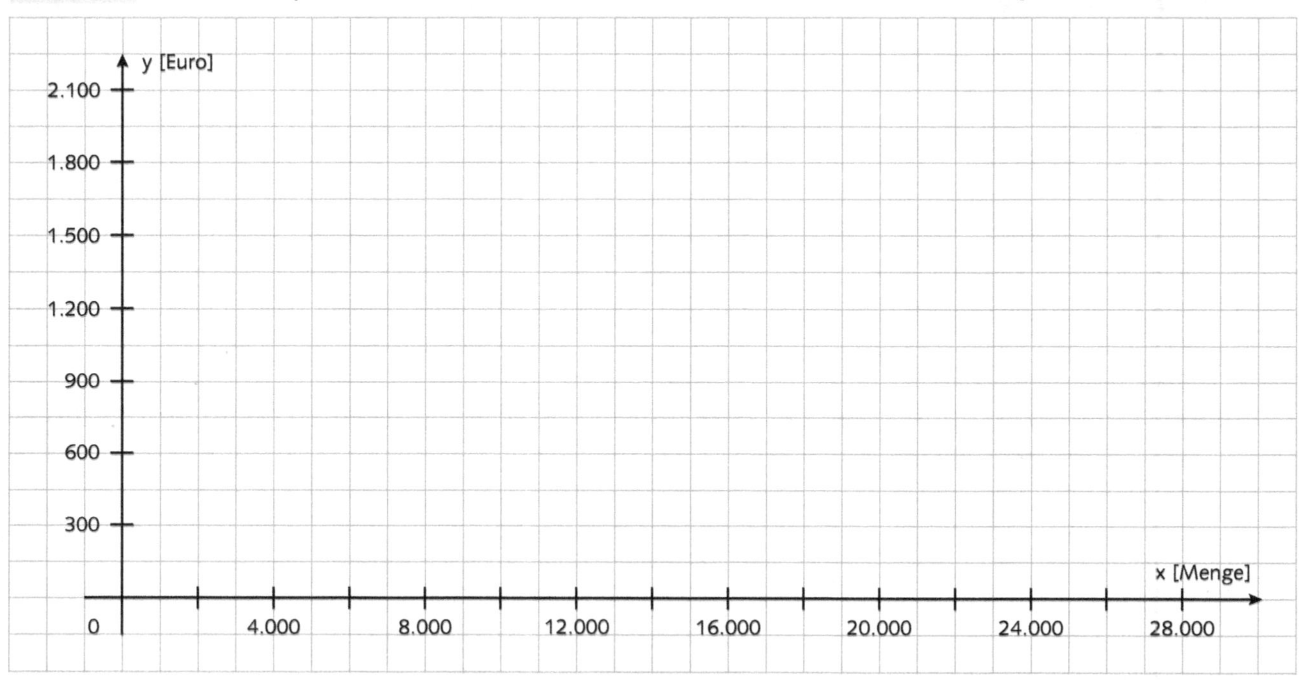

Für eine bessere Beurteilung der Situation erhalten Sie folgende Hintergrundinformation: Im Jahr kommt die Maschine bei mindestens 16.000 Schleifvorgängen zum Einsatz.

Beurteilen Sie anhand Ihrer Berechnungen, welche Maschine kostengünstiger ist.

Übungsaufgaben

Aufgabe 1

Ein Produktionsunternehmen plant, ein Herstellungsverfahren umzustellen. Aktuell sind handgesteuerte Maschinen im Einsatz. Diese verursachen monatlich 600,00 EUR fixe Kosten und 11,00 EUR variable Stückkosten. Die Alternative wäre eine computergesteuerte Maschine. Diese hätte eine monatliche Fixkostenbelastung in Höhe von 2.400,00 EUR. Die variablen Stückkosten könnten aber auf 2,00 EUR je Stück reduziert werden.

Die monatliche Kapazitätsgrenze beträgt 240 Stück. Die Produktionsmenge schwankt in der Regel zwischen 160 Stück und 200 Stück pro Monat.

Notieren Sie die Kostenfunktionen der zwei unterschiedlichen Herstellungsverfahren.

Ermitteln Sie die kritische Menge und die dazugehörigen Kosten.

Zeichnen Sie die Graphen der zwei Kostenfunktionen in das Koordinatensystem.
(Tipp: Nutzen Sie den ermittelten Schnittpunkt und die y-Achsenabschnitte.)

Beurteilen Sie anhand Ihrer Berechnungen, welches Herstellungsverfahren zu empfehlen ist.

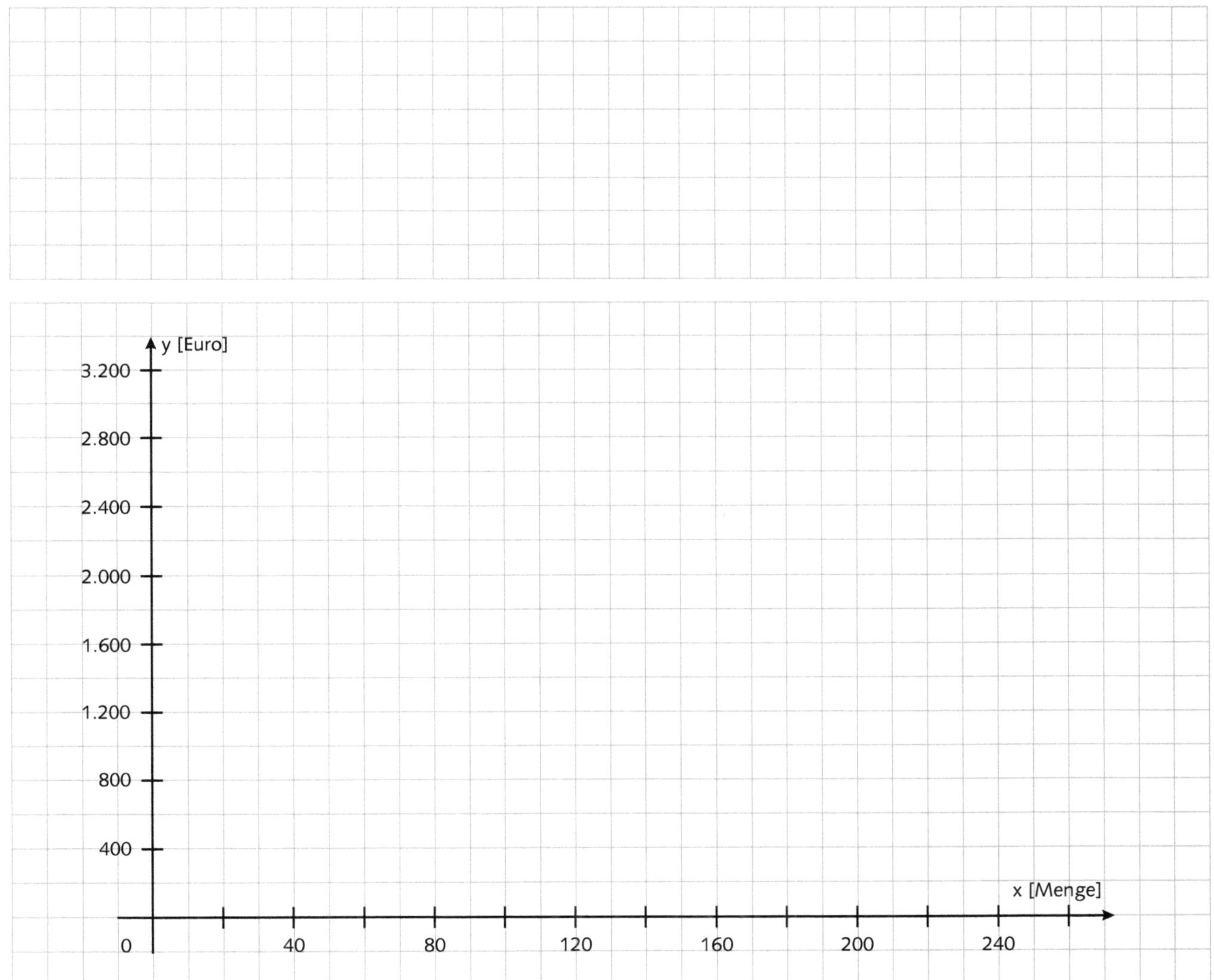

Aufgabe 2

Ein Möbelkonzern möchte die Produktion der Regale nach Deutschland verlegen. Eine ausreichend große Produktionshalle in *Köln* würde monatliche Fixkosten in Höhe von 80.000,00 EUR verursachen. Die variablen Kosten je Regal betragen 15,00 EUR. Alternativ käme auch der Produktionsstandort Aachen infrage. Am Produktionsstandort *Aachen* liegen die Fixkosten 25 % unter dem Kölner Vergleichswert. Die variablen Kosten wären jedoch 5,00 EUR höher als in Köln.

Die monatliche Kapazitätsgrenze beträgt 8.000 Stück. Es ist geplant, im Monat mindestens 5.800 Regale zu fertigen.

Notieren Sie die Kostenfunktionen der beiden unterschiedlichen Produktionsstandorte.

Ermitteln Sie die kritische Menge und die dazugehörigen Kosten.

Zeichnen Sie die Graphen der beiden Kostenfunktionen in das Koordinatensystem.

Beurteilen Sie anhand Ihrer Berechnungen, welcher Produktionsstandort zu empfehlen ist.

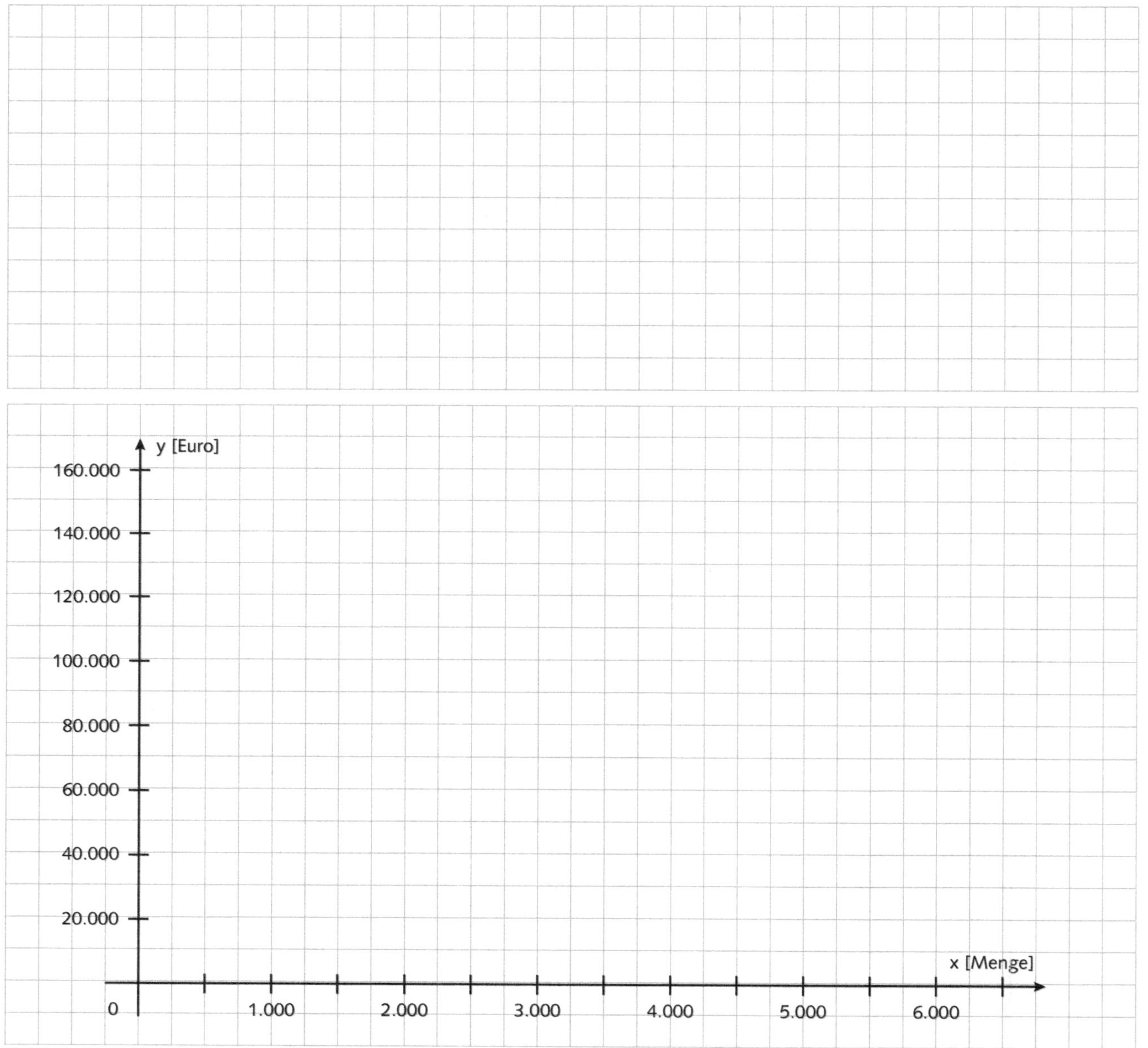

Aufgabe 3

Ein Süßwarenhersteller möchte eine langfristige Geschäftsbeziehung mit einem Lieferanten für Kakaobohnen eingehen. Zur Auswahl stehen zwei unterschiedliche Lieferanten: *Lieferant A* verlangt einen Preis von 2,00 EUR je Kilogramm Kakaobohnen. Hinzu kommt eine Frachtpauschale von 400,00 EUR. *Lieferant B* verlangt einen Kilogrammpreis von 3,50 EUR. Dabei fällt aber eine niedrigere Frachtpauschale an. Im Vergleich könnten hier je Lieferung Fixkosten in Höhe von 300,00 EUR eingespart werden.

Man kalkuliert mit einer regelmäßigen Liefermenge in Höhe von mindestens 230 Kilogramm.

Notieren Sie die Kostenfunktionen der beiden unterschiedlichen Lieferanten.

Ermitteln Sie die kritische Menge und die dazugehörigen Kosten.

Zeichnen Sie die Graphen der beiden Kostenfunktionen in das Koordinatensystem.

Beurteilen Sie anhand Ihrer Berechnungen, welches Vertragsangebot zu empfehlen ist.

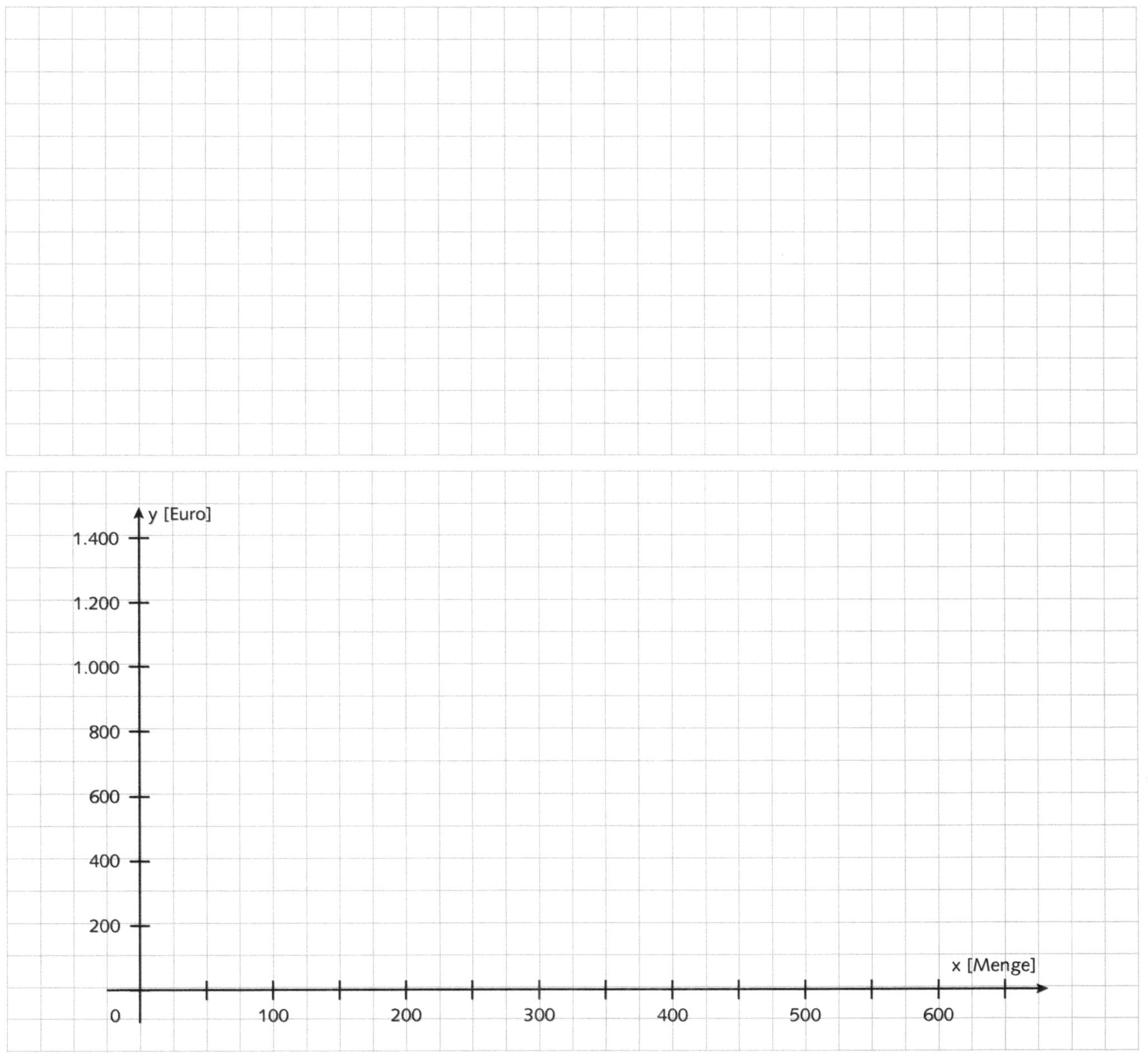

Aufgabe 4

Ein Handwerksbetrieb bezieht im kommenden Monat neue Geschäfts- und Produktionsräume. Im Rahmen des Umzugs muss auch ein Vertrag mit einem neuen Stromanbieter abgeschlossen werden. Zur Auswahl stehen zwei Alternativen. Der Anbieter *FlussEnergie* berechnet einen Verbrauchspreis in Höhe von 30 Cent pro Kilowattstunde. Hinzu kommt eine Grundgebühr von 600,00 EUR pro Jahr. Als Alternative kommt der Anbieter EnergieGreen infrage. Der Verbrauchspreis liegt 10 Cent über dem Angebot der *FlussEnergie*. Es fällt jedoch keine Grundgebühr an.

Über den Jahresverbrauch liegen derzeit keine Informationen vor.

Notieren Sie die Kostenfunktionen der beiden unterschiedlichen Stromanbieter.

Ermitteln Sie die kritische Menge und die dazugehörigen Kosten.

Zeichnen Sie die Graphen der beiden Kostenfunktionen in das Koordinatensystem.

Beurteilen Sie anhand Ihrer Berechnungen, welcher Stromanbieter zu empfehlen ist.

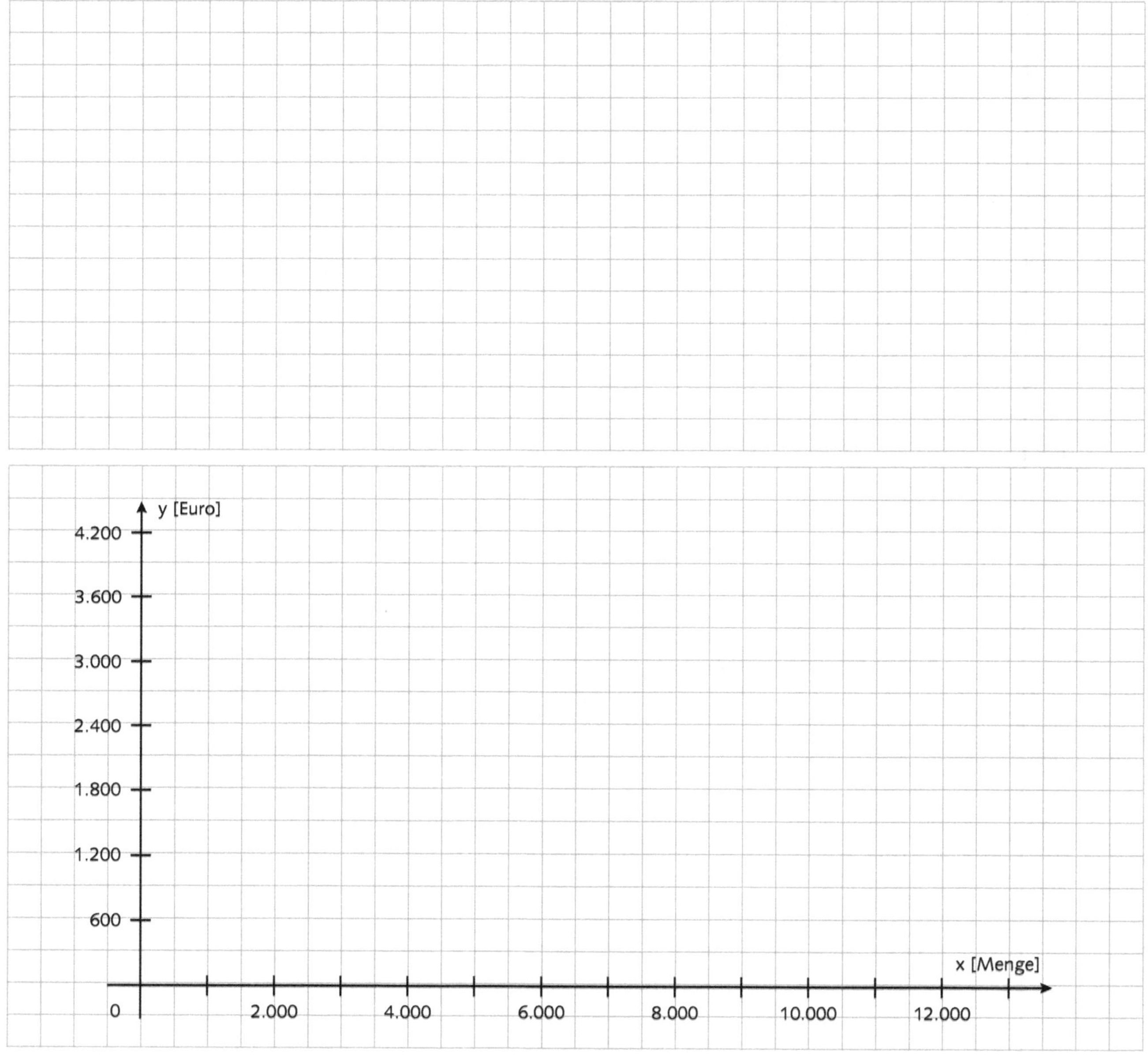

Aufgabe 5

Ein Fahrradfabrikant führt zahlreiche Kostenanalysen durch, um Einsparungsmöglichkeiten aufzudecken. Für den Transport der fertigen Fahrräder von der Produktion in das außerhalb gelegene Zentrallager stehen zwei Möglichkeiten zur Verfügung. Beide Alternativen weisen unterschiedliche Kostenverläufe auf: *Möglichkeit A* verursacht 1,00 EUR variable Kosten je Fahrrad und monatliche Fixkosten in Höhe von 300,00 EUR. Bei *Alternative B* fallen variable Kosten in Höhe von 0,60 EUR je Fahrrad an. Allerdings sind die Fixkosten im Vergleich um 600,00 EUR höher.

Monatlich werden zwischen 1.000 und 1.500 Fahrräder produziert und in das Zentrallager transportiert.

Notieren Sie die Kostenfunktionen der beiden unterschiedlichen Transportmöglichkeiten.

Ermitteln Sie die kritische Menge und die dazugehörigen Kosten.

Zeichnen Sie die Graphen der beiden Kostenfunktionen in das Koordinatensystem.

Beurteilen Sie anhand Ihrer Berechnungen, welche Alternative zu empfehlen ist.

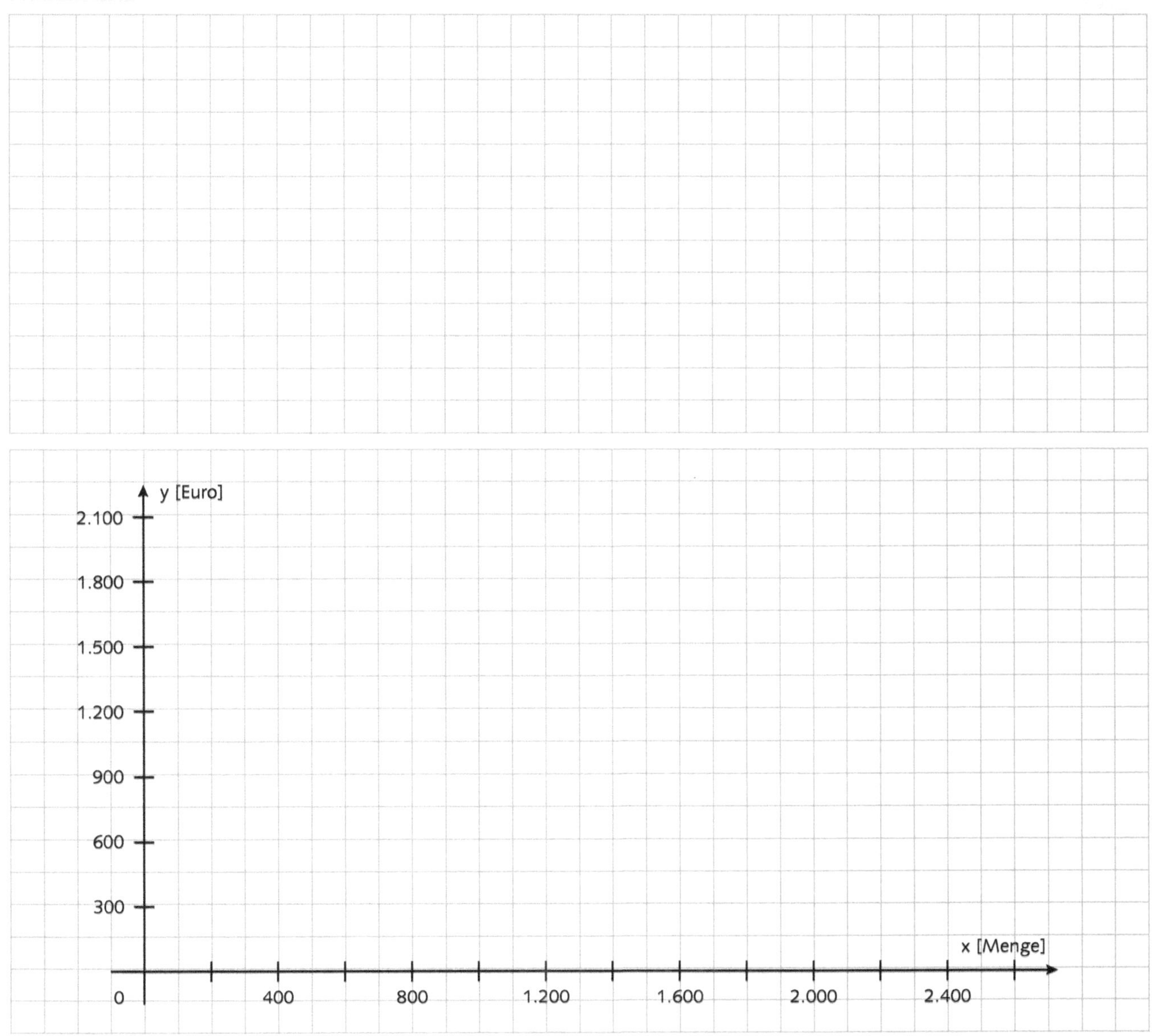

Aufgabe 6

Ein Produktionsunternehmen führt regelmäßig Qualitätskontrollen durch. Auf diese Weise soll die Qualität der Produkte sichergestellt werden. Das aktuelle Verfahren der Qualitätskontrolle verursacht monatlich 2.000,00 EUR Fixkosten. Jede Produktprüfung verursacht nochmals Kosten in Höhe von 10 Cent.

Eine externe Firma hat ein Angebot vorgelegt: Sie würde die Qualitätskontrollen für maximal 48.000 Stück (= Kapazitätsgrenze) für monatlich 5.000,00 EUR durchführen.

Im aktuellen Jahr wurden im Durchschnitt monatlich 36.000 Produkte hergestellt und kontrolliert.

Notieren Sie die Kostenfunktionen der beiden unterschiedlichen Alternativen.
Ermitteln Sie die kritische Menge und die dazugehörigen Kosten.
Zeichnen Sie die Graphen der beiden Kostenfunktionen in das Koordinatensystem.
Beurteilen Sie anhand Ihrer Berechnungen, welche Alternative zu empfehlen ist.

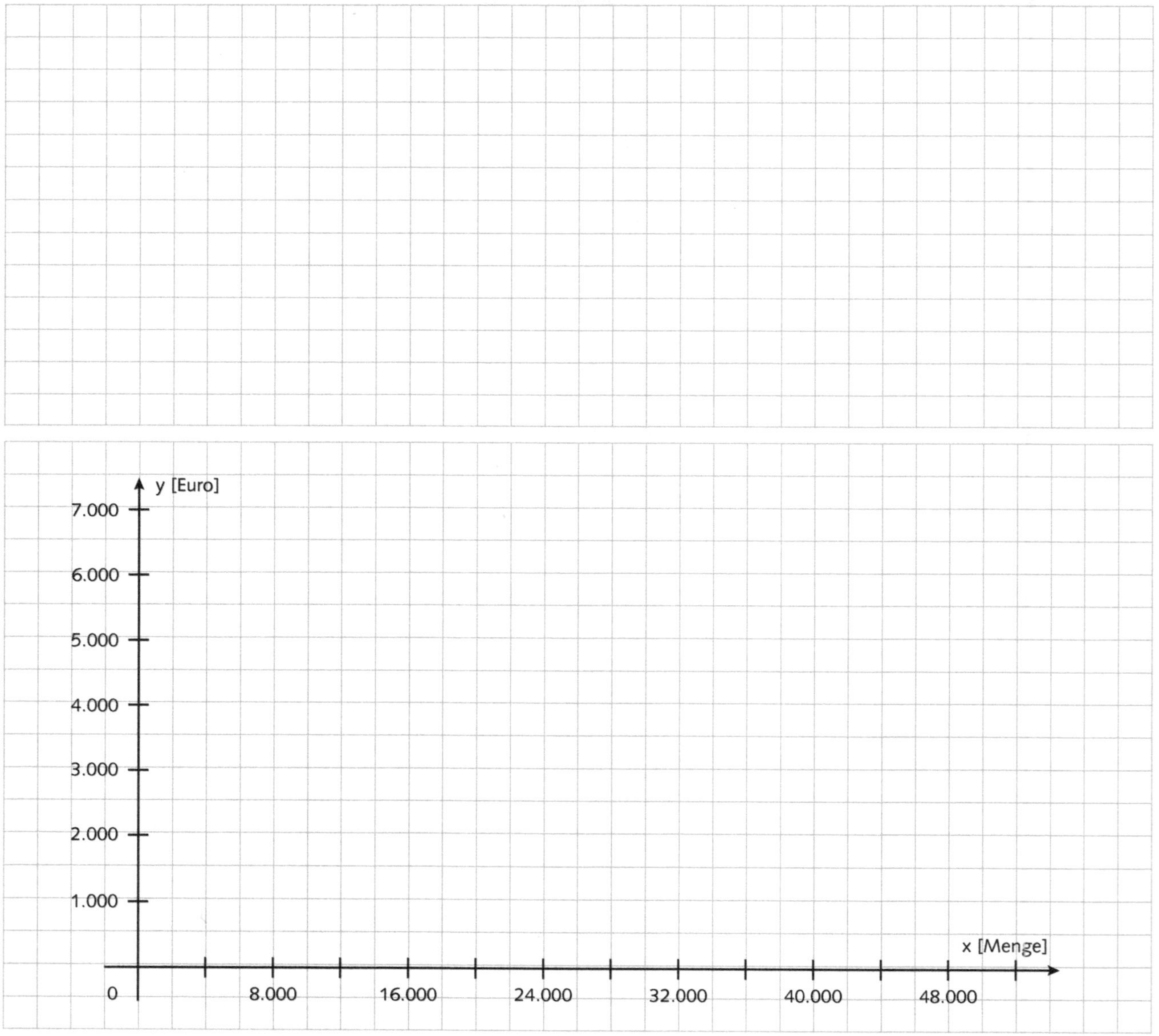

Notizen/Merksätze/Lernhilfen

Kapitel 11.3 Lineare Funktionen (Erlöse, Kosten und Gewinn)

INFO: Erlöse, Kosten und Gewinn

Wenn ein Unternehmen mehr Erlöse erzielt, als es Kosten hat, erzielt es einen Gewinn. Mit anderen Worten: Wenn es mehr einnimmt, als es ausgibt, macht es Gewinn. Mithilfe einer **Gewinnfunktion** lässt sich die Höhe des Gewinns berechnen. Das ist der *y-Wert* der Gewinnfunktion. Ob ein Unternehmen einen Gewinn oder einen Verlust erzielt, hängt in erster Linie von der hergestellten und verkauften Menge seiner Produkte ab. Weil sich die Menge von Zeitraum zu Zeitraum verändern kann (zum Beispiel sind die Verkaufszahlen nicht in jedem Monat gleich), ist die Menge eine Variable. Das ist der *x-Wert* der Gewinnfunktion.
Um einen Gewinn rechnerisch zu ermitteln, muss man folgende Begriffe unterscheiden

Erlöse	Das Geld, das man durch den Verkauf seiner Produkte einnimmt, nennt man Erlöse. Die Berechnung der Erlöse erfolgt durch die Multiplikation des Produktpreises mit der verkauften Menge. Der *y-Achsenabschnitt* der Erlösfunktion liegt immer bei null, denn wenn man keine Produkte verkauft ($x = 0$), nimmt man auch kein Geld ein ($y = 0$). $E(x) = p \cdot x$
Kosten	Die Ausgaben, die durch die Beschaffung bzw. Herstellung der Produkte entstehen, nennt man Kosten[1]. Die Berechnung der Kosten ergibt sich aus der Addition der variablen Kosten und der Fixkosten. $K(x) = k_v \cdot x + K_f$
Deckungsbeitrag	Der Deckungsbeitrag ist die Differenz zwischen den Erlösen und den variablen Kosten. Es handelt sich dabei um den Betrag, der zur Deckung der Fixkosten erwirtschaftet wird. $DB(x) = p \cdot x - k_v \cdot x$ $= (p - k_v) \cdot x$
Gewinn	Für die Berechnung des Gewinns zieht man von den Erlösen die entstandenen Kosten ab. Man muss darauf achten, dass sowohl die variablen Kosten als auch die Fixkosten abgezogen werden. Ein negativer Gewinn nennt sich Verlust. $G(x) = E(x) - K(x)$ $= p \cdot x - k_v \cdot x - K_f$ $= (p - k_v) \cdot x - K_f$

Ob sich eine Geschäftsidee oder eine Investition lohnt, hängt in der Regel davon ab, ob sich ein ausreichender Gewinn erzielen lässt. Es ist also darauf zu achten, ob die benötigte Absatzmenge auch tatsächlich realistisch ist und ein Gewinn somit im Bereich des Machbaren liegt. *In vielen Fällen reicht es aber nicht aus, nur einen Gewinn zu erzielen. Letztendlich sollte ein Gewinn auch groß genug sein, um davon leben zu können. Gerade daran scheitern oftmals viele kleinere Geschäftsvorhaben.*

1 siehe auch Kapitel 11.1 Kostenvergleichsrechnung

INFO: Erlöse, Kosten und Gewinn

Ein Hauptbestandteil der Geschäftsplanung besteht darin, zu ermitteln, ab welcher Absatzmenge man den Verlustbereich verlässt und beginnt, Gewinne zu erzielen. Um dies abschätzen zu können, muss man folgende Begriffe unterscheiden:

Gewinnschwelle	Die Gewinnschwelle bezeichnet die Stelle, an der die Gewinnfunktion die x-Achse schneidet. Es ist somit die *Nullstelle* der Gewinnfunktion. Es handelt sich dabei um die Absatzmenge, bei der ein Unternehmen weder Gewinn noch Verlust erwirtschaftet. Der Gewinn ist gleich null. $G(x) = 0$
Break-Even-Point (BEP)	Wenn der Gewinn eines Unternehmens gleich null ist, bedeutet dies, dass das Unternehmen genauso viel Geld eingenommen hat, wie es ausgegeben hat. Die Erlöse und Kosten sind gleich. Der Break-Even-Point bezeichnet somit den Punkt, in dem sich die Erlösfunktion und die Kostenfunktion schneiden. $E(x) = K(x)$

In der grafischen Darstellung ist gut zu erkennen, dass bei niedrigen Verkaufsmengen die Erlöse unterhalb der Kosten liegen. Das Unternehmen macht somit einen Verlust. Die Gewinnfunktion befindet sich unterhalb der x-Achse *(also im negativen Wertebereich).*

Erst wenn die Absatzmenge die Gewinnschwelle überschreitet, übersteigen die Erlöse die Kosten und das Unternehmen erzielt einen Gewinn. Die Gewinnfunktion befindet sich nun oberhalb der x-Achse *(also im positiven Wertebereich).*

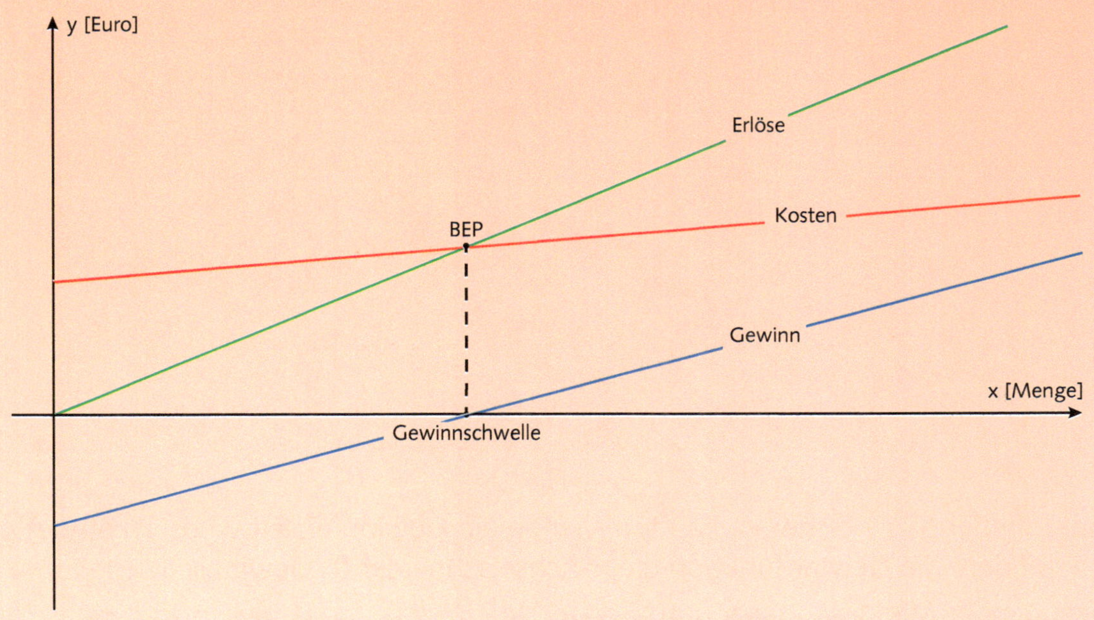

Aktivbereich

In Ihrer Stadt findet am kommenden Wochenende ein Straßenfest statt. Ein Imbiss möchte sich mit einem Stand beteiligen und dort Falafeltaschen anbieten. Der Verkaufspreis einer Falafeltasche beträgt 6,00 EUR.

Da der Stand mit verschiedenen Kosten verbunden ist, fragt sich der Imbissinhaber, ob es sich für ihn lohnen wird.

- Kosten für Zutaten (2,00 EUR je Falafeltasche)
- Standgebühren (400,00 EUR)
- Leihgebühr für Zeltdach und Tische (70,00 EUR)
- Lohnkosten für Mitarbeiter (330,00 EUR)

Beurteilen Sie spontan, ob sich der Verkaufsstand lohnen wird.

Nennen Sie Einflussfaktoren, die bei Ihrer Überlegung eine Rolle gespielt haben.

Notieren Sie die Erlösfunktion und die Kostenfunktion.

Ermitteln Sie anschließend die Gewinnfunktion.

Um herauszufinden, ab welcher verkauften Menge ein Gewinn erzielt wird, berechnet man den Wert, bei dem die Gewinnfunktion die x-Achse schneidet (= Gewinnschwelle).

Schritt 1: Gewinnfunktionen gleich null setzen – die Bedingung lautet: $G(x) = 0$

Schritt 2: Gleichung nach x auflösen und so die Gewinnschwelle ermitteln.

Schritt 3: Setzt man den ermittelten x-Wert in die Erlösfunktion oder in die Kostenfunktion ein, so erhält man den y-Wert des Break-Even-Points.

Aktivbereich

Ermitteln Sie die Gewinnschwelle und den Break-Even-Point.

Zeichnen Sie die Graphen der Erlösfunktion, der Kostenfunktion und der Gewinnfunktion in das Koordinatensystem.

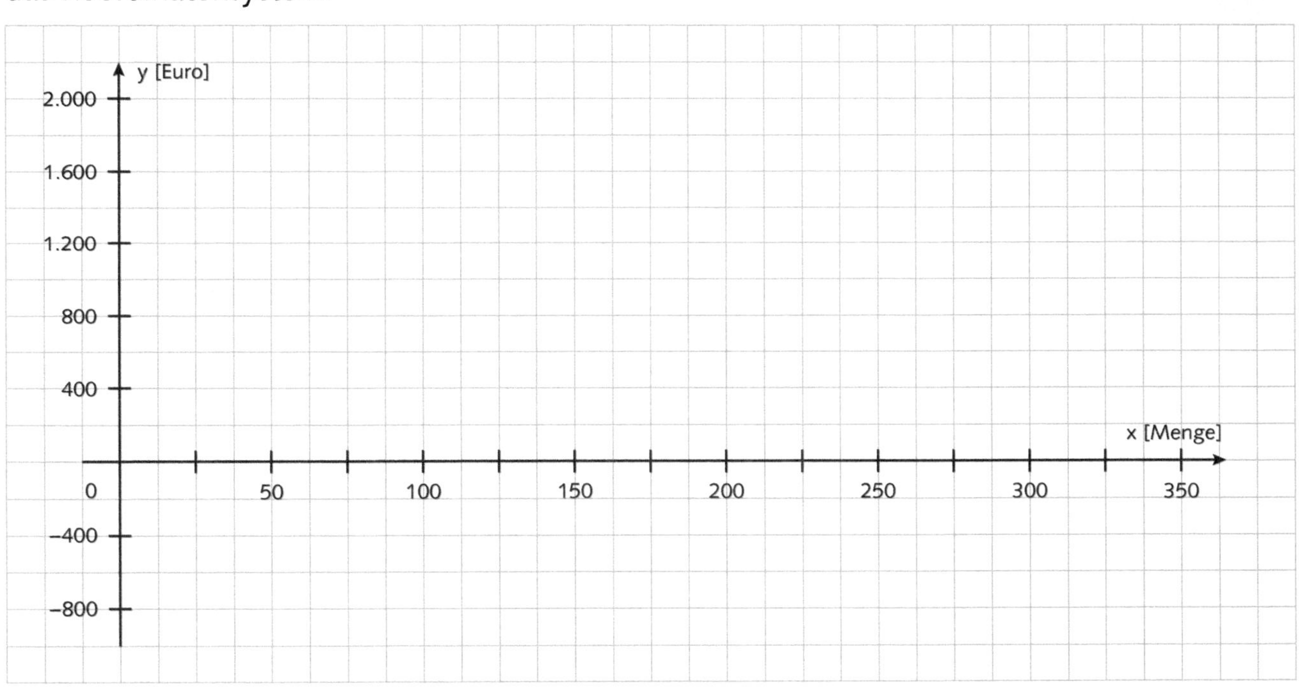

Beurteilen Sie anhand Ihrer Berechnungen, ob sich der Verkaufsstand lohnen wird.

Übungsaufgaben

Aufgabe 1

Ein Sportartikelfachgeschäft wird in Zukunft magnetische Verschlusssysteme für Schuhe ins Sortiment aufnehmen. Mit dem Hersteller der Verschlusssysteme hat man sich auf eine halbjährige Testphase geeinigt. In diesem Zeitraum entstehen Kosten in Höhe von 1.200,00 EUR für Lizenzrechte und Werbung. Im Einkauf kostet ein Verschlusssystem 4,00 EUR. Der Verkaufspreis beträgt 20,00 EUR.

Notieren Sie die Erlösfunktion und die Kostenfunktion.

Ermitteln Sie die Gewinnfunktion.

Ermitteln Sie die Gewinnschwelle und den Break-Even-Point.

Zeichnen Sie die Graphen der Erlösfunktion, der Kostenfunktion und der Gewinnfunktion in das Koordinatensystem.

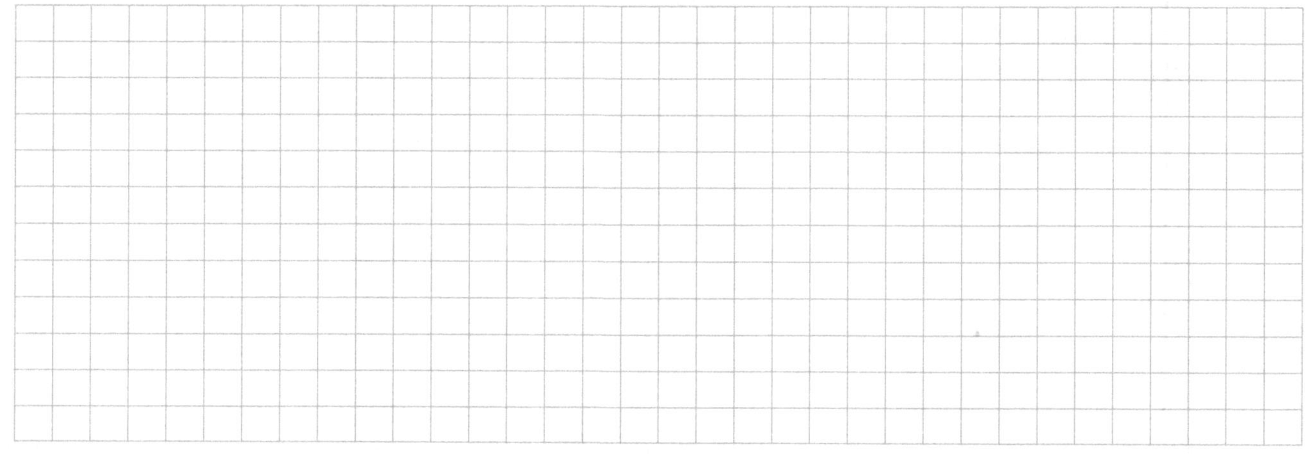

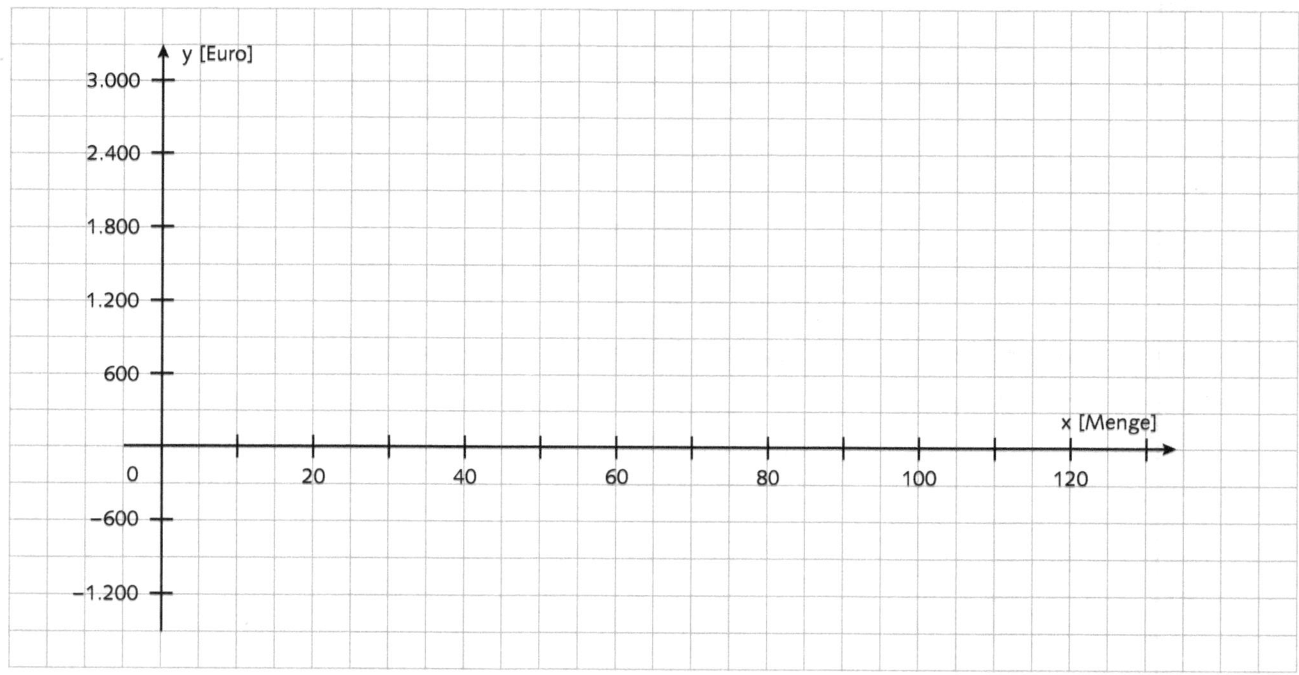

Aufgabe 2

Ein Fahrradhersteller möchte in Zukunft auch E-Bikes in sein Sortiment aufnehmen. Bei der Produktion der Fahrräder fallen monatlich 100.000,00 EUR fixe Kosten an. Die variablen Kosten betragen 750,00 EUR pro E-Bike. Der Verkaufspreis der Produkte liegt bei 2.000,00 EUR.

Die monatliche Kapazitätsgrenze beträgt 200 Stück.

Notieren Sie die Erlösfunktion und die Kostenfunktion.

Ermitteln Sie die Gewinnfunktion.

Ermitteln Sie die Gewinnschwelle und den Break-Even-Point.

Zeichnen Sie die Graphen der Erlösfunktion, der Kostenfunktion und der Gewinnfunktion in das Koordinatensystem.

Berechnen Sie den Gewinn an der Kapazitätsgrenze (maximaler Gewinn).

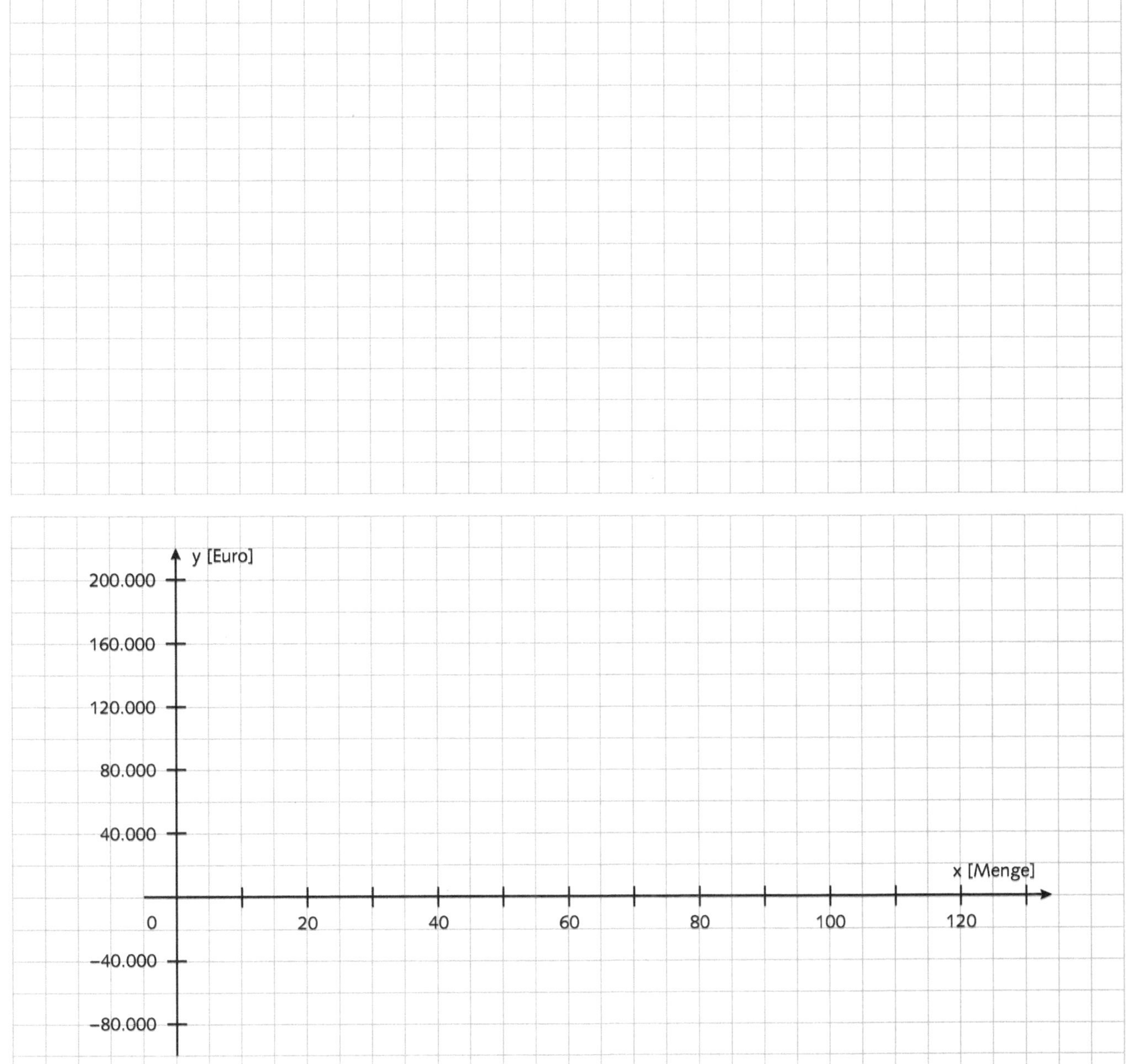

Aufgabe 3

Der Besitzer eines Food-Trucks besucht im Monat zahlreiche Märkte und Events. Auf dem letzten Event konnte er 237 Burger verkaufen und hat dadurch Erlöse in Höhe von 2.133,00 EUR erzielt.

Ein Burger kostet in der Herstellung 2,00 EUR. Zusätzlich fallen monatliche Fixkosten in Höhe von 1.400,00 EUR an.

Ermitteln Sie die Erlösfunktion und **notieren** Sie die Kostenfunktion.

Ermitteln Sie die Gewinnfunktion.

Ermitteln Sie die Gewinnschwelle und den Break-Even-Point.

Zeichnen Sie die Graphen der Erlösfunktion, der Kostenfunktion und der Gewinnfunktion in das Koordinatensystem.

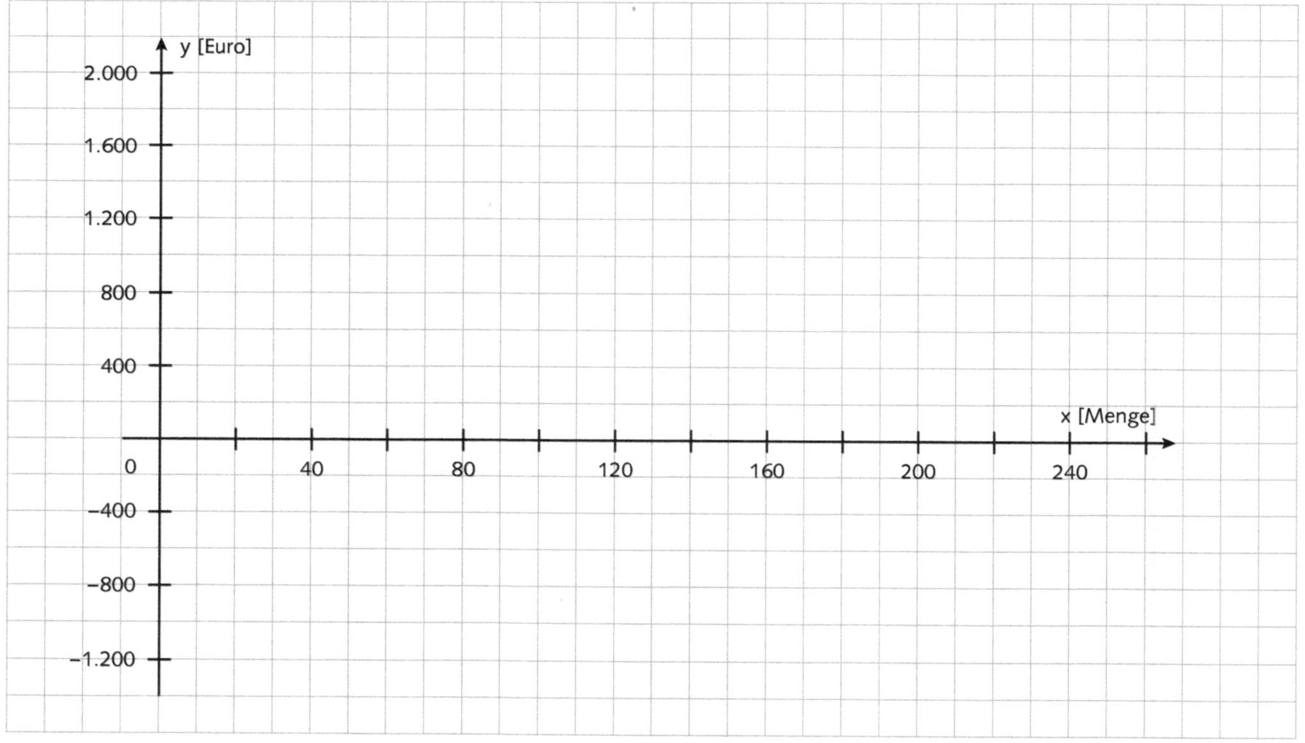

Aufgabe 4

Ein Großhandel für Schnittblumen bezieht Tulpen aus den Niederlanden. Der Einkauf von 800 frischen Tulpen kostet 160,00 EUR. Die Tulpen werden deutschlandweit zu einem Stückpreis von 80 Cent an Blumenläden und Floristen weiterverkauft. Für die Abwicklung der Geschäfte fallen monatliche Fixkosten in Höhe von 4.500,00 EUR an.

Ermitteln Sie die Erlösfunktion und **notieren** Sie die Kostenfunktion.

Ermitteln Sie die Gewinnfunktion.

Ermitteln Sie die Gewinnschwelle und den Break-Even-Point.

Zeichnen Sie die Graphen der Erlösfunktion, der Kostenfunktion und der Gewinnfunktion in das Koordinatensystem.

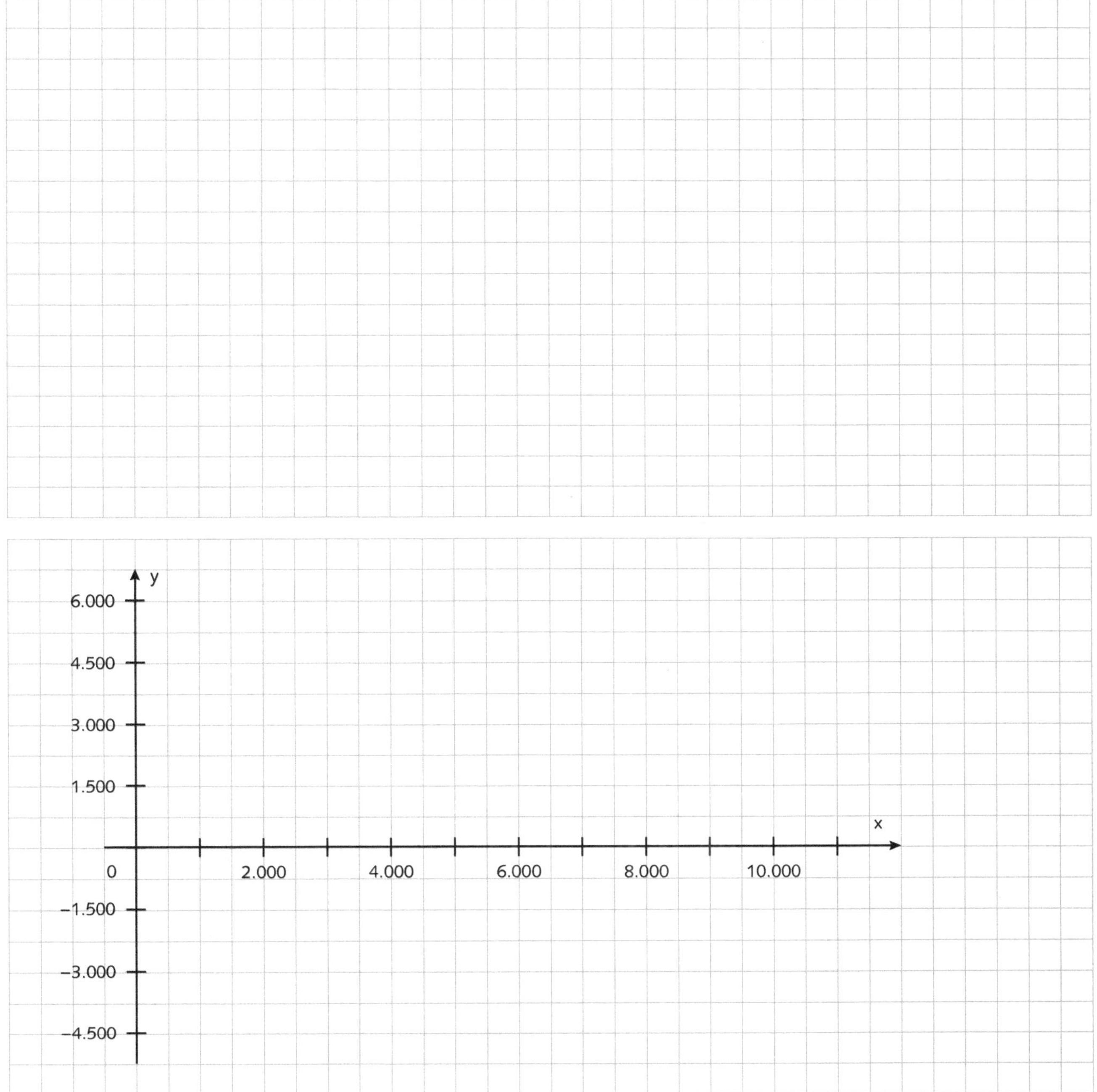

Aufgabe 5

Ein Hersteller für Computerspiele bringt im kommenden Monat den neuen Teil einer erfolgreichen Spieleserie auf den Markt. Es sind bereits 8.326 Vorbestellungen eingegangen, wodurch Erlöse in Höhe von 208.150,00 EUR erzielt werden. Die Kosten für die Entwicklung des Spiels betrugen insgesamt 600.000,00 EUR. Die Herstellung der einzelnen Datenträger kostet inklusive Verpackung 5,00 EUR je Spiel.

Ermitteln Sie die Erlösfunktion und **notieren** Sie die Kostenfunktion.

Ermitteln Sie die Gewinnfunktion.

Ermitteln Sie die Gewinnschwelle und den Break-Even-Point.

Zeichnen Sie die Graphen der Erlösfunktion, der Kostenfunktion und der Gewinnfunktion in das Koordinatensystem.

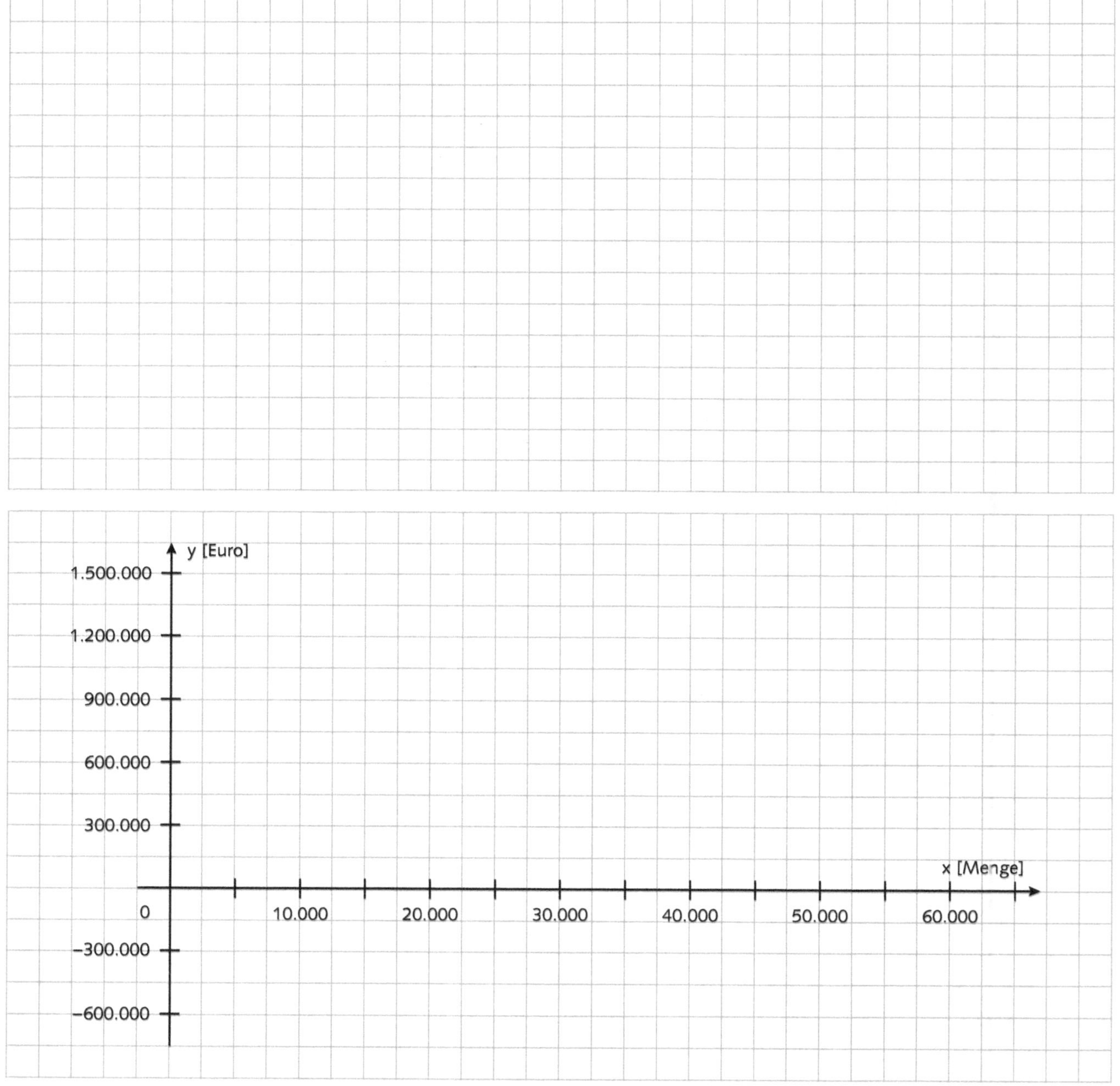

Aufgabe 6

Ein Großhändler für Camping- und Wanderartikel bezieht im Frühjahr hochwertige 2-Personen-Zelte zu einem Stückpreis von 50,00 EUR. Für den Import und den Weiterverkauf fallen Fixkosten in Höhe von 7.500,00 EUR an. Der Verkaufspreis der Zelte beträgt 80,00 EUR.

Notieren Sie die Erlösfunktion und die Kostenfunktion.

Ermitteln Sie die Gewinnfunktion.

Ermitteln Sie die Gewinnschwelle und den Break-Even-Point.

Zeichnen Sie die Graphen der Erlösfunktion, der Kostenfunktion und der Gewinnfunktion in das Koordinatensystem.

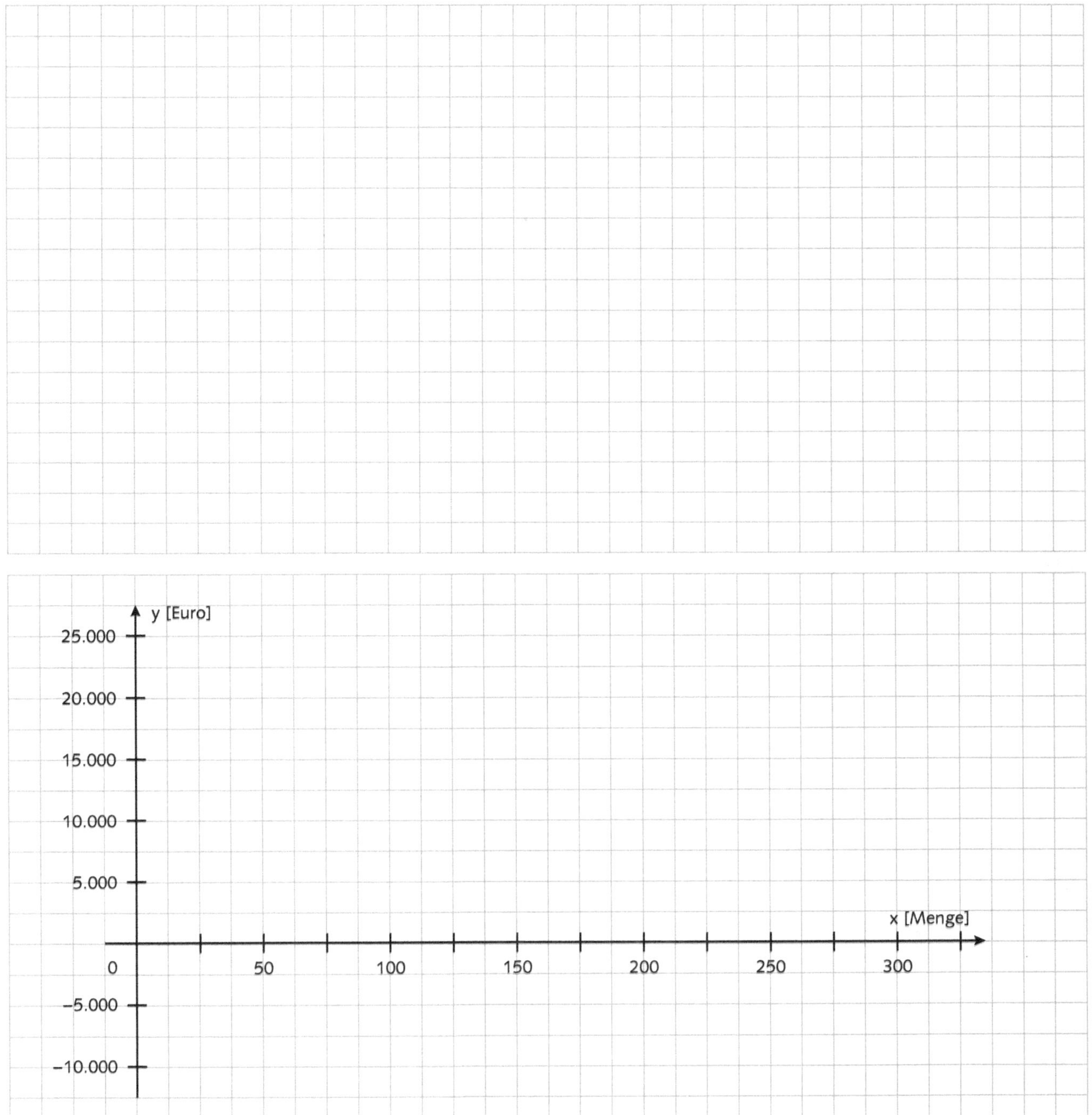

Notizen/Merksätze/Lernhilfen

Anhang – Lineare Gleichungen

INFO: Lineare Gleichungen lösen

Gleichung	Eine Gleichung besteht aus zwei Termen, die über ein Gleichheitszeichen verbunden sind. Damit eine Gleichung wahr ist, muss die Wertigkeit beider Seiten gleich sein. Die Gleichung ist im Gleichgewicht. 
Beispiel	$8x - 15 = 3x + 5$ *Für $x = 4$ ist die Wertigkeit beider Seiten gleich, denn es gilt:* $8 \cdot 4 - 15 = 32 - 15 = 17$ $3 \cdot 4 + 5 = 12 + 5 = 17$ *Für $x = 4$ erhält man auf beiden Seiten die Lösung 17.* *Die Lösung der Gleichung lautet somit $x = 4$.*
Äquivalenzumformung	Um die Lösung einer Gleichung rechnerisch zu ermitteln, muss man die Gleichung nach x umformen bzw. umstellen. Diese Umformungen nennt man in der Mathematik **Äquivalenzumformungen**. Dabei muss man daran denken, dass eine Gleichung stets im Gleichgewicht sein muss. Eine Veränderung der Gleichung muss daher immer **auf beiden Seiten** durchgeführt werden.
Beispiel (ausführlich)	$8x - 15 = 3x + 5 \quad \vert -3x$ $8x - 15 - 3x = 3x + 5 - 3x$ $5x - 15 = 5 \quad \vert +15$ $5x - 15 + 15 = 5 + 15$ $5x = 20 \quad \vert :5$ $\frac{5x}{5} = \frac{20}{5}$ $x = 4$
Beispiel (Kurzform)	$8x - 15 = 3x + 5 \quad \vert -3x$ $5x - 15 = 5 \quad \vert +15$ $5x = 20 \quad \vert :5$ $x = 4$

Übungen: Lineare Gleichungen lösen

Lösen Sie die lineare Gleichung durch Äquivalenzumformung.

1 $2x + 13 = 19$

2 $3x - 34 = 26$

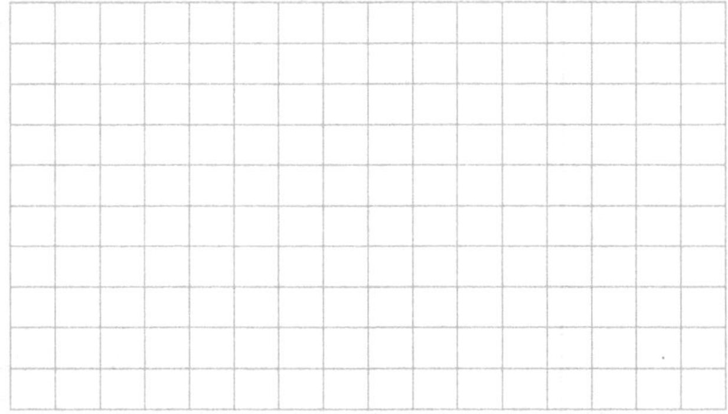

3 $6x + 5 = 47$

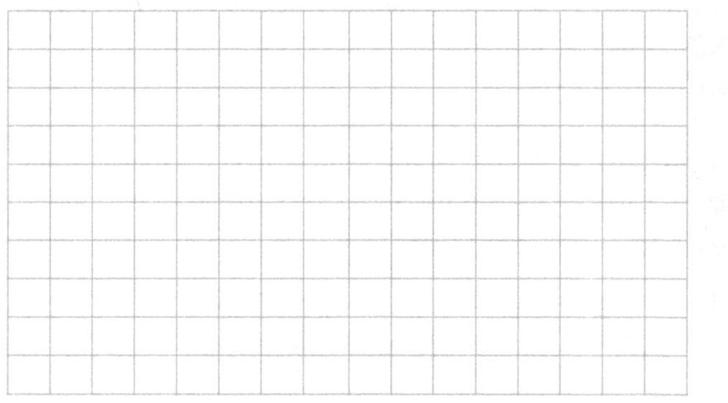

4 $36x - 3 = 6$

5 $-4x + 11 = 139$

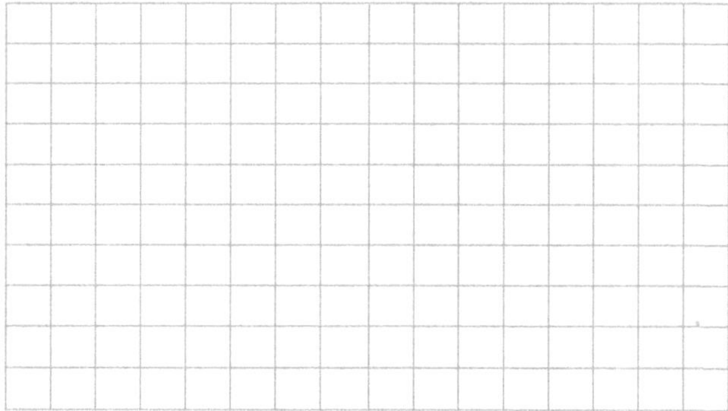

6 $-3x - 17 = -89$

7 $4x - 11 = 53$

8 $12x + 104 = 236$

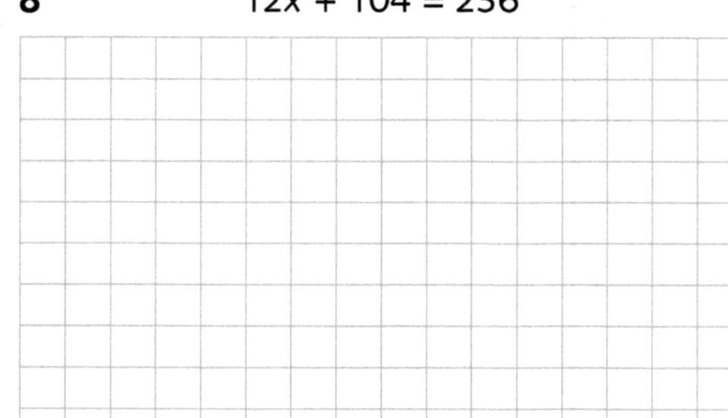

Übungen: Lineare Gleichungen lösen

Lösen Sie die lineare Gleichung durch Äquivalenzumformung.

9 $8x - 17 = -2x + 19$

10 $18x + 20 = 15 + 10x$

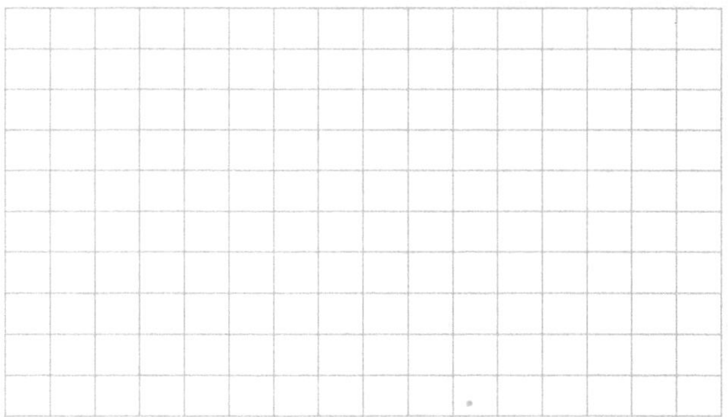

11 $-8x + 30 = 10x - 51$

12 $63x - 34 = 22 - 7x$

13 $6x + 15 = -28x + 134$

14 $-86 + 25x = -2x + 22$

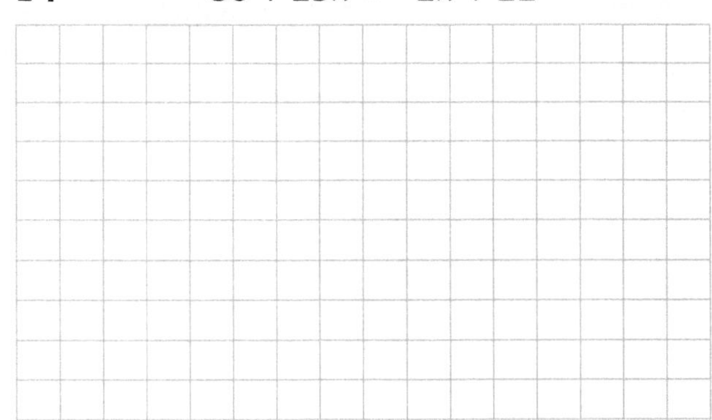

15 $-7x - 16 = -11x + 4$

16 $8x - 60 = 34x + 109$

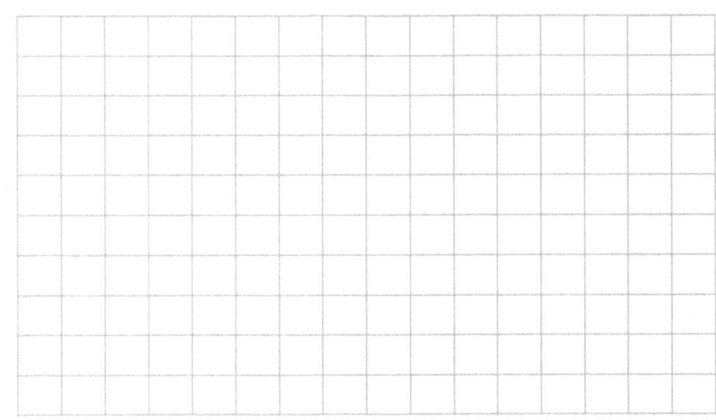

Anhang – Lineare Funktionen

INFO: Grundlagen

Zweidimensionales Koordinatensystem

Ein zweidimensionales **Koordinatensystem** ist ein Hilfsmittel zur eindeutigen Positionierung eines Punkts. Es besteht aus einer x-Achse und einer y-Achse.
Jeder Punkt $P(x|y)$ lässt sich durch die Angabe eines x-Wertes und eines y-Wertes eindeutig ansteuern (= Koordinatenpaar).

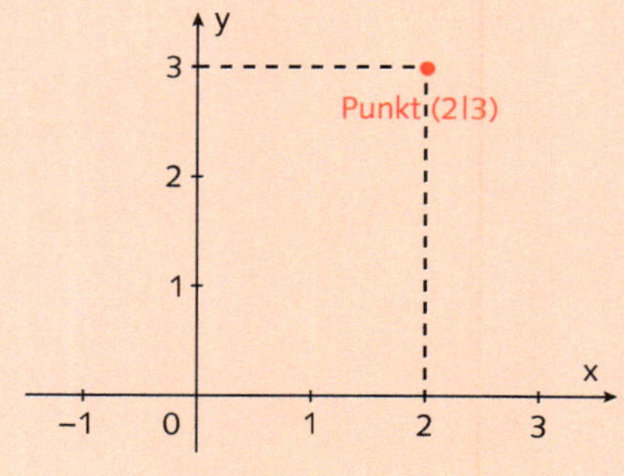

In dem dargestellten Beispiel ist der Punkt $P(2|3)$ abgebildet. Er setzt sich zusammen aus den Koordinaten $x = 2$ (x-Achse) und $y = 3$ (y-Achse).

Funktionsbegriff

Eine **Funktion** ist eine eindeutige Zuordnung. Jedem x-Wert (= Variable) wird genau ein bestimmter y-Wert (= Funktionswert) zugeordnet.
Die Funktionswerte berechnet man mithilfe der Funktionsgleichung.

Eine lineare Funktionsgleichung hat die allgemeine Form:

$$f(x) = m \cdot x + b$$

Funktionsgraph

Der **Funktionsgraph** ist die grafische Darstellung aller geordneter Koordinatenpaare in einem Koordinatensystem.

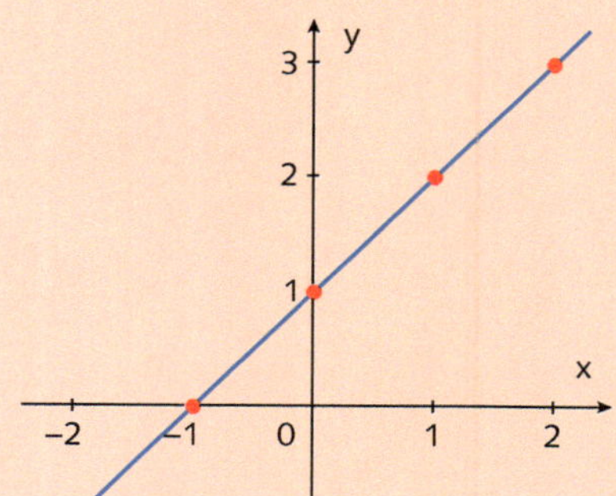

INFO: Grundlagen

Steigung

Die Zahl vor dem x gibt Auskunft über die **Steigung** einer Funktion. In der allgemeinen Form $f(x) = m \cdot x + b$ ist dies das m.

Je größer der Betrag von m, desto steiler ist der Funktionsgraph.

$f(x) = 0{,}25x + 1$
(flache Steigung)

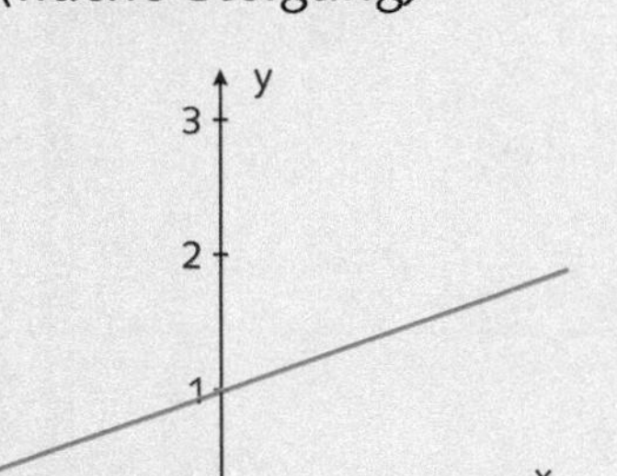

$f(x) = 2x + 1$
(steile Steigung)

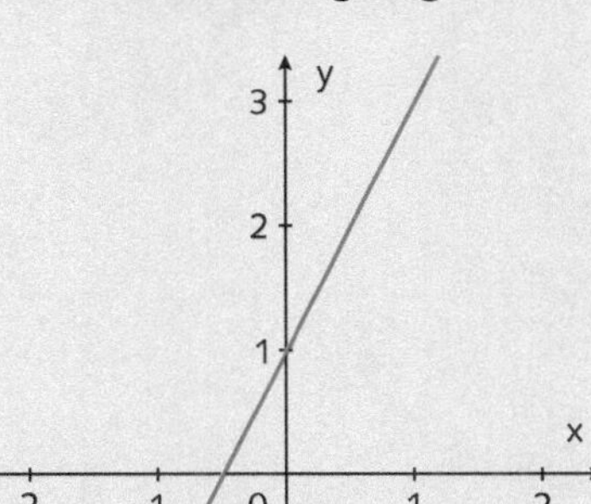

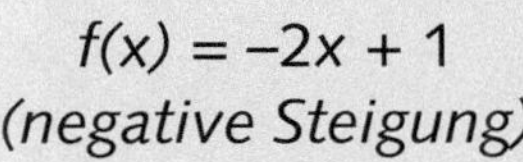

$f(x) = -2x + 1$
(negative Steigung)

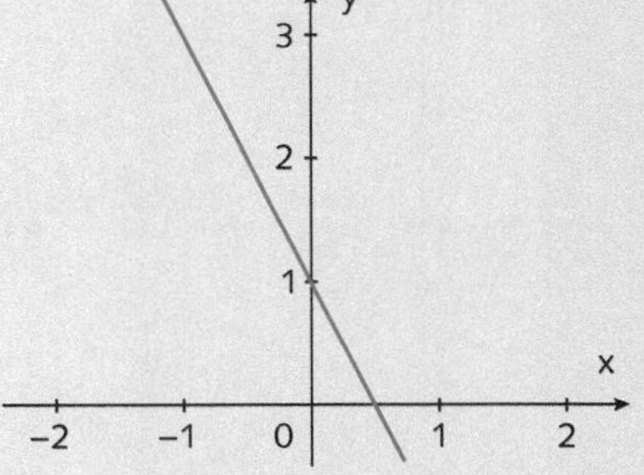

y-Achsenabschnitt

Den Punkt, in dem der Funktionsgraph die y-Achse schneidet, nennt man ***y*-Achsenabschnitt**.

In der allgemeinen Form $f(x) = m \cdot x + b$ ist dies der Wert von b.
Der y-Achsenabschnitt lässt sich also direkt aus der Funktionsgleichung ablesen.

Im dargestellten Beispiel lautet die Funktionsgleichung $f(x) = 0{,}5x + 2$.

Der y-Achsenabschnitt befindet sich somit bei $y = 2$.

Punktschreibweise:
$S_y(0|2)$

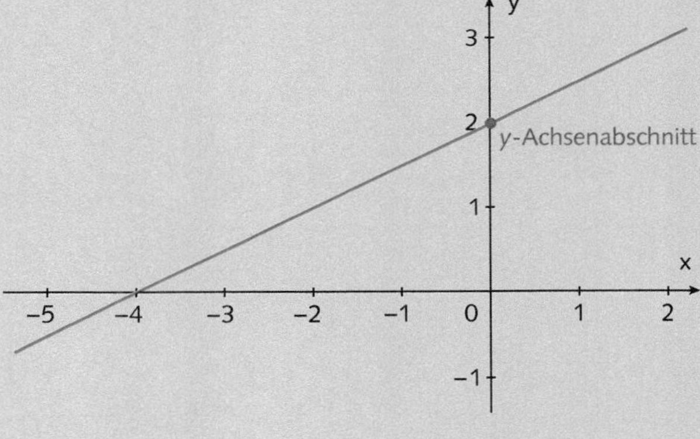

Übungsaufgaben: Graphen zuordnen

Ordnen Sie die Funktionsgleichungen dem richtigen Graphen **zu**.

1 $f_1(x) = x + 2$ ☐ $f_3(x) = -0{,}5x - 1$ ☐

$f_2(x) = -2x - 1$ ☐ $f_4(x) = 3x + 2$ ☐

A

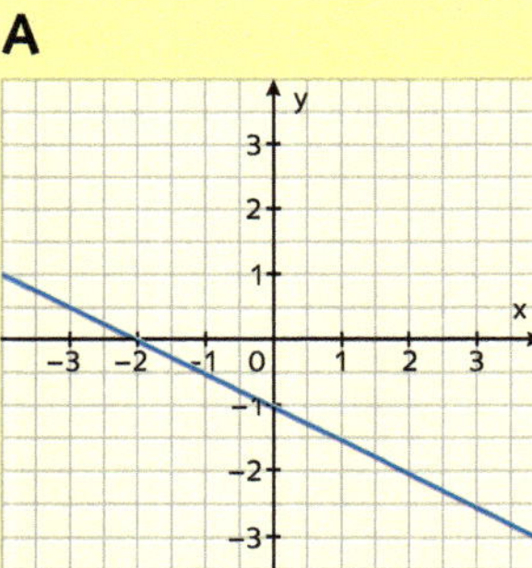

B

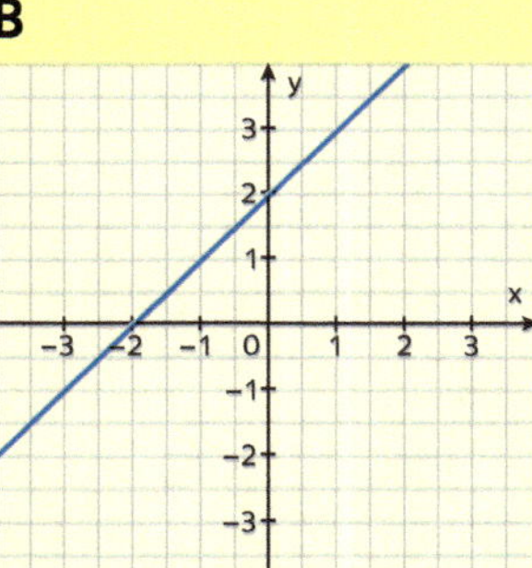

C

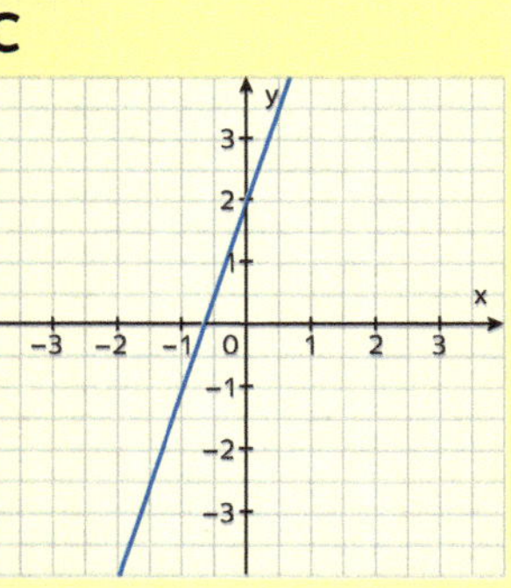

D

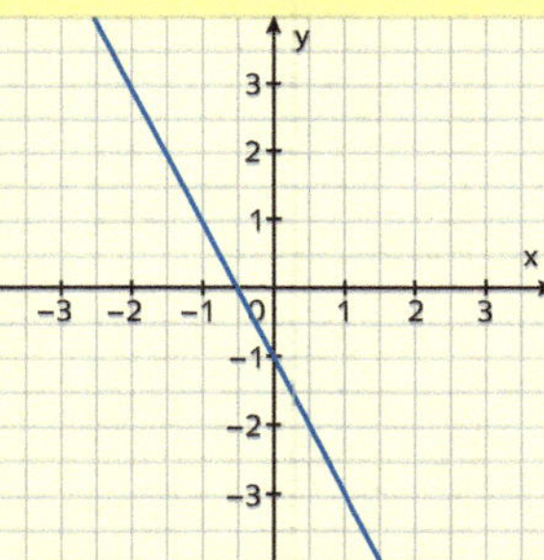

2 $f_1(x) = 1{,}5x + 2$ ☐ $f_3(x) = -x + 2$ ☐

$f_2(x) = 2$ ☐ $f_4(x) = -3x + 2$ ☐

A

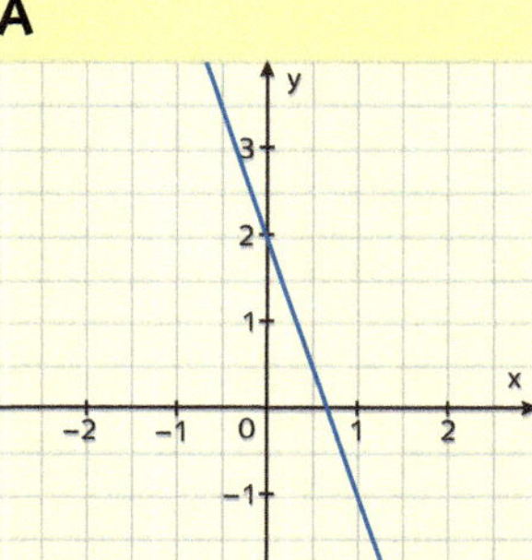

B

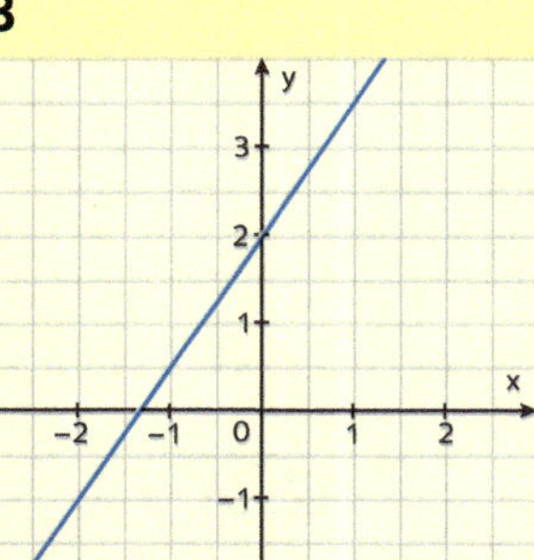

C

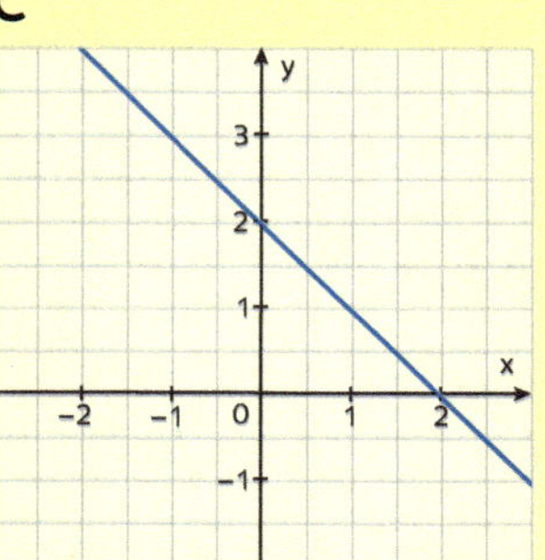

D

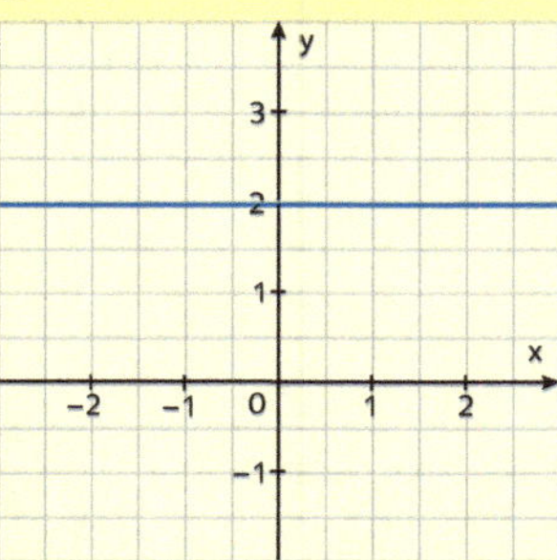

3 $f_1(x) = 1{,}5x - 1$ ☐ $f_3(x) = 1{,}5x$ ☐

$f_2(x) = 0{,}5x - 1$ ☐ $f_4(x) = 1{,}5x + 2$ ☐

A

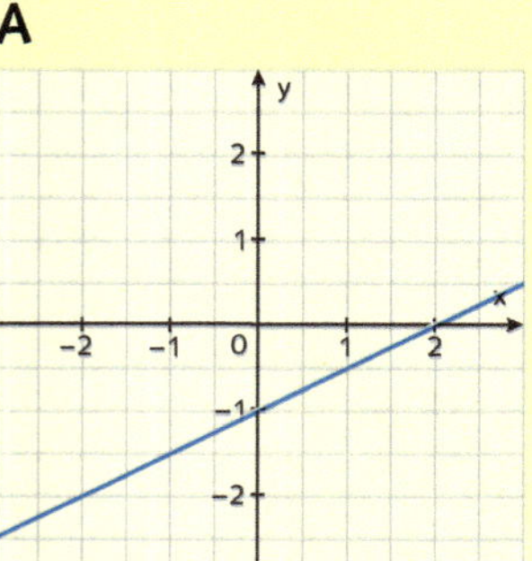

B

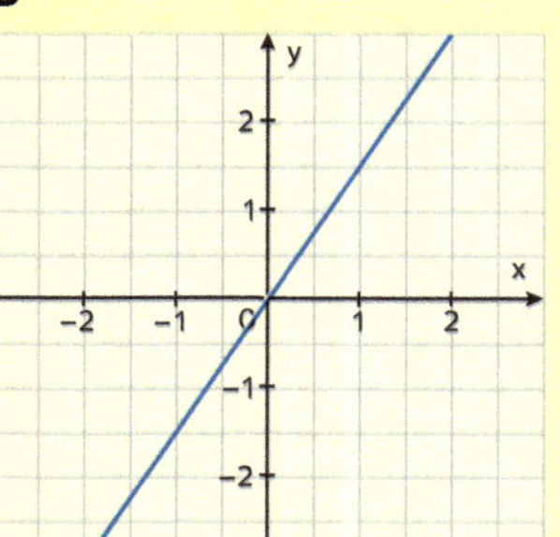

C

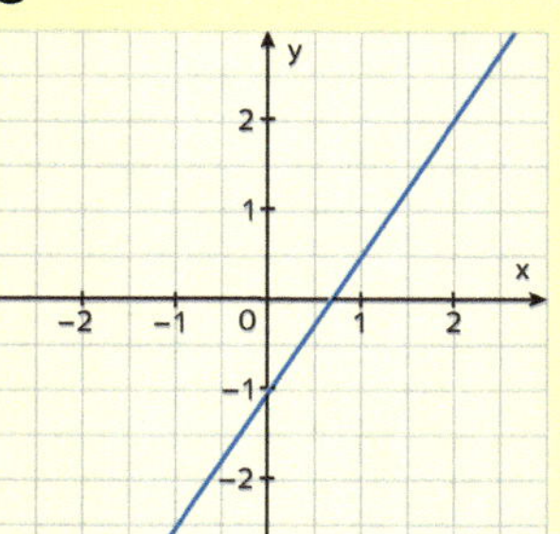

D

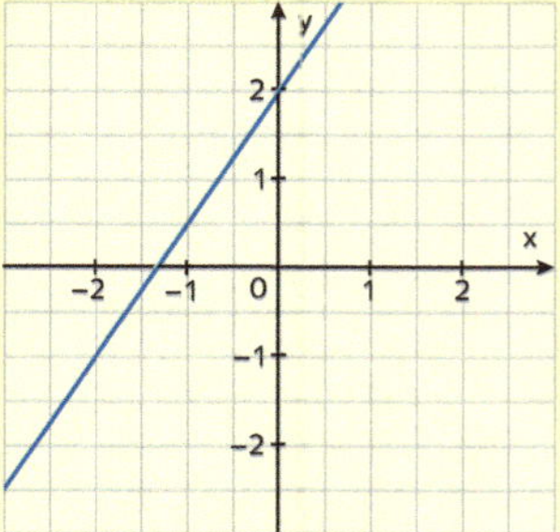

Übungsaufgaben: Graphen zuordnen

Ordnen Sie die Funktionsgleichungen dem richtigen Graphen **zu**.

4 $f_1(x) = -4x + 2$ ☐ $f_3(x) = 1{,}5x + 2$ ☐

$f_2(x) = 4x + 2$ ☐ $f_4(x) = -1{,}5x + 2$ ☐

A

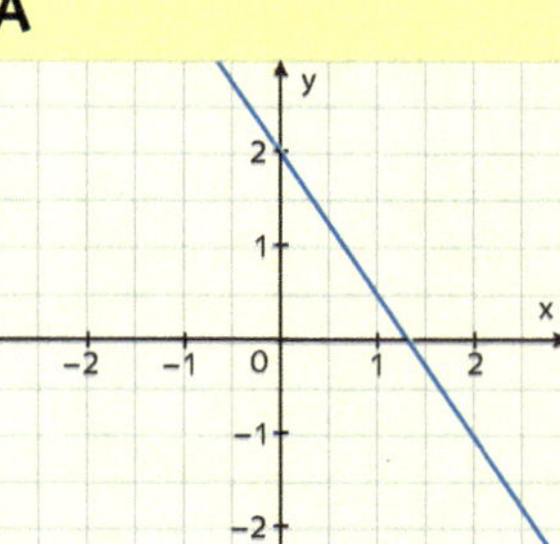

B

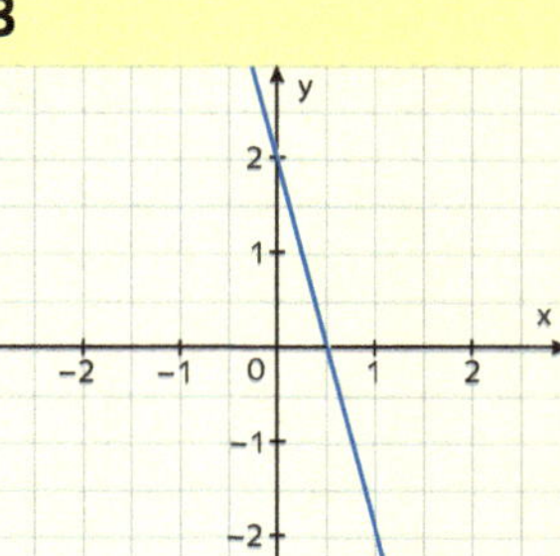

C

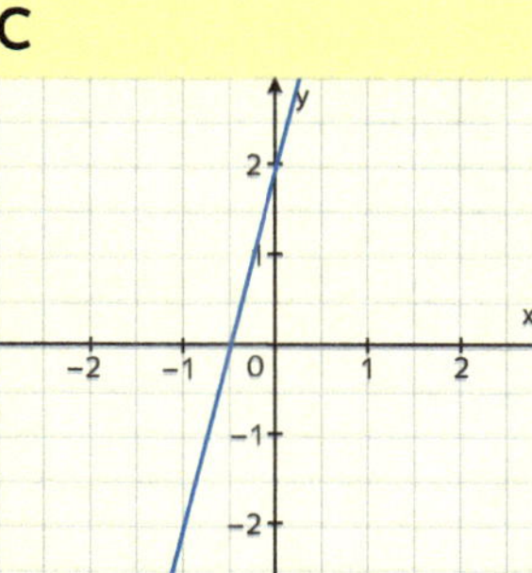

D

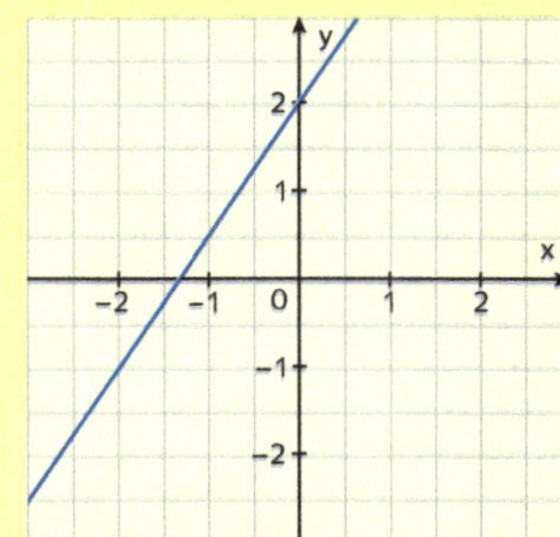

5 $f_1(x) = 5x + 5$ ☐ $f_3(x) = -5x - 5$ ☐

$f_2(x) = 5x - 5$ ☐ $f_4(x) = 15x + 5$ ☐

A

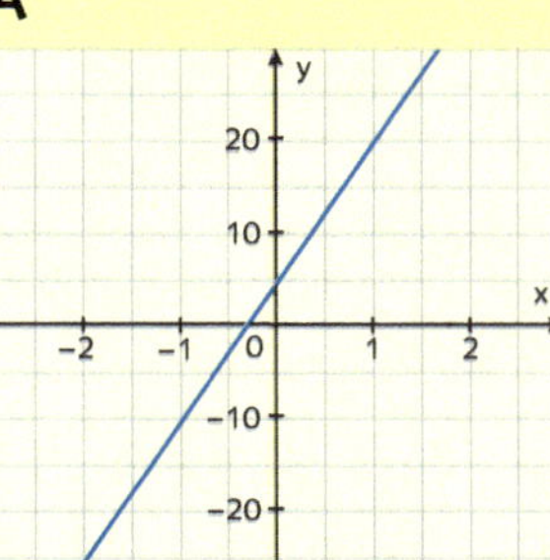

B

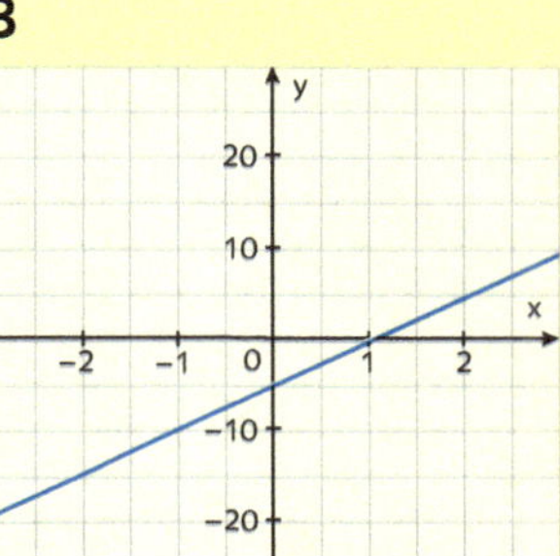

C

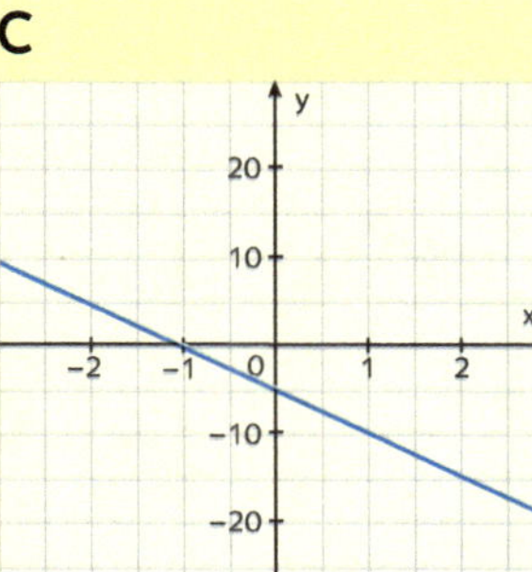

D

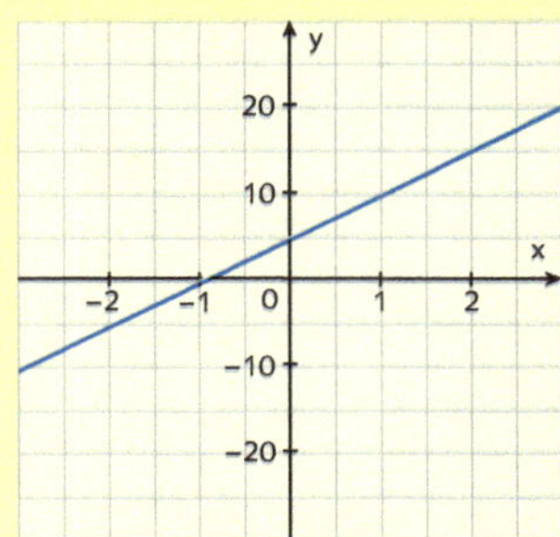

6 $f_1(x) = -0{,}75x - 1{,}5$ ☐ $f_3(x) = -0{,}75x + 1{,}5$ ☐

$f_2(x) = -2x - 1{,}5$ ☐ $f_4(x) = 1{,}5x + 1{,}5$ ☐

A

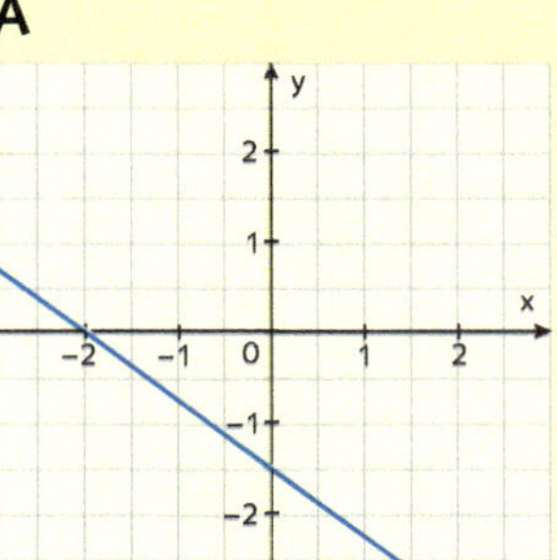

B

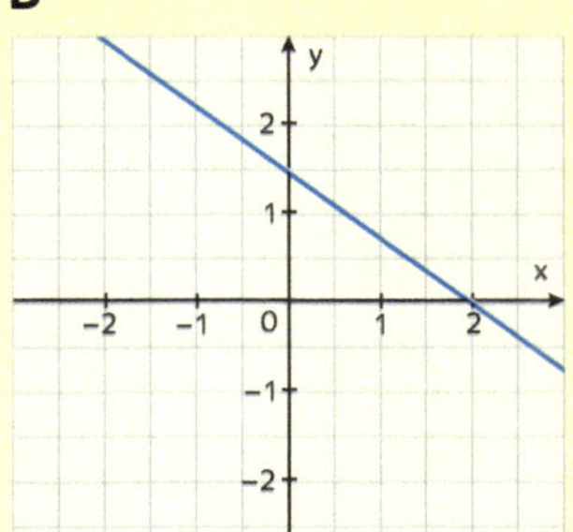

C

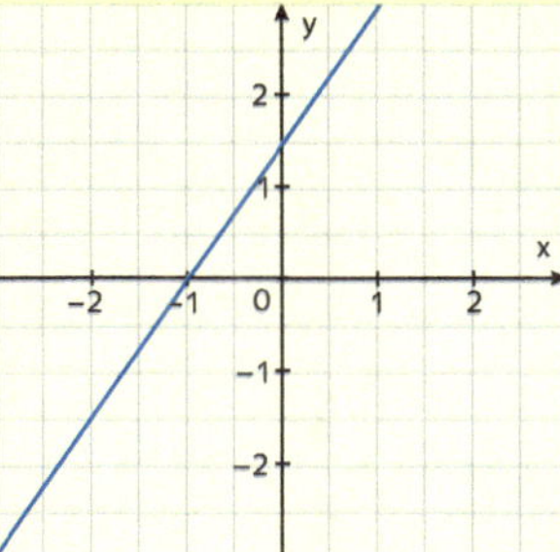

D

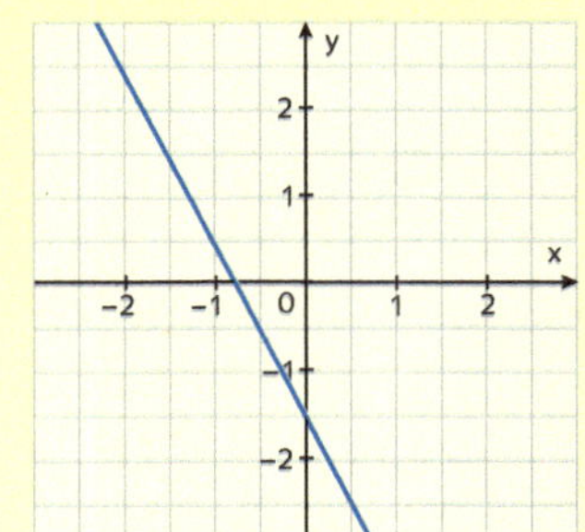

Übungsaufgaben: Wertetabelle

Berechnen Sie die Funktionswerte (y-Werte) für die jeweiligen x-Werte.

Notieren Sie das Koordinatenpaar in Punktschreibweise.

Markieren Sie anschließend den y-Achsenabschnitt und die berechneten Koordinatenpaare im dazugehörigen Koordinatensystem.

Zeichnen Sie die lineare Funktion in das Koordinatensystem, indem Sie die markierten Punkte verbinden. *(Benutzen Sie ein Lineal!)*

1 $f(x) = 1{,}25x + 5$

x-Wert	**Berechnung des Funktionswerts (y-Wert)**	**Punktschreibweise** P (x-Wert | y-Wert)
$x = 0$	$f(0) = 1{,}25 \cdot 0 + 5 = 5$	$P(0 \mid 5)$
$x = 2$	$f(2) = 1{,}25 \cdot 2 + 5 = 7{,}5$	$P(2 \mid 7{,}5)$
$x = 4$		
$x = 6$		
$x = 8$		
$x = 10$		
$x = 12$		

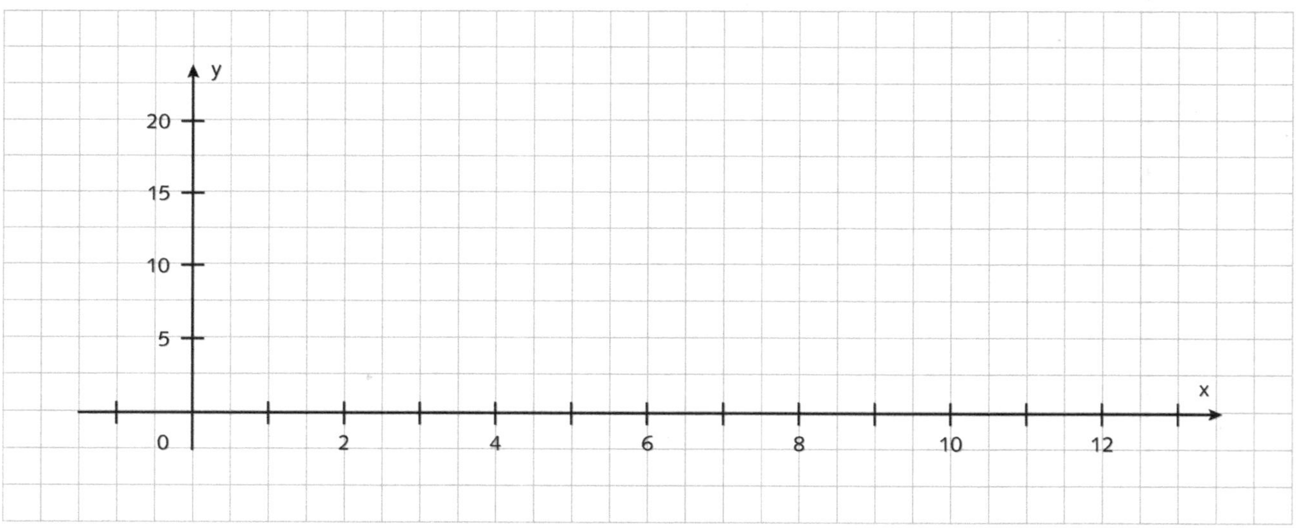

Übungsaufgaben: Wertetabelle

2 $f(x) = -0{,}25x + 2$

***x*-Wert**	**Berechnung des Funktionswerts (*y*-Wert)**	**Punktschreibweise** P (*x*-Wert|*y*-Wert)
$x = 2$		
$x = 8$		
$x = 12$		

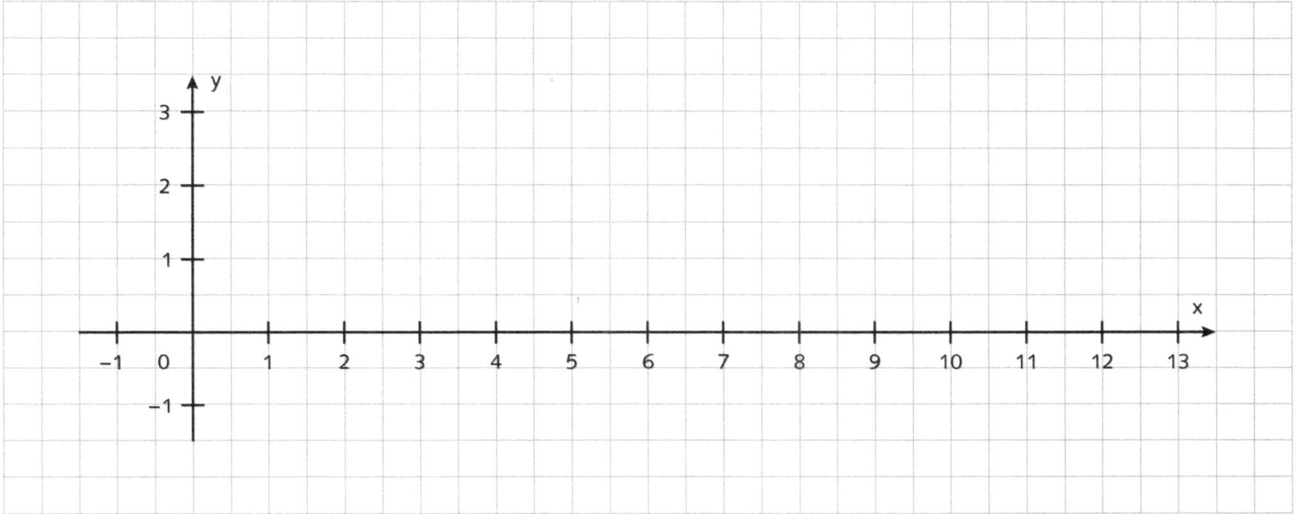

3 $f(x) = 5x + 30$

***x*-Wert**	**Berechnung des Funktionswerts (*y*-Wert)**	**Punktschreibweise** P (*x*-Wert|*y*-Wert)
$x = -3$		
$x = -1$		
$x = 2$		

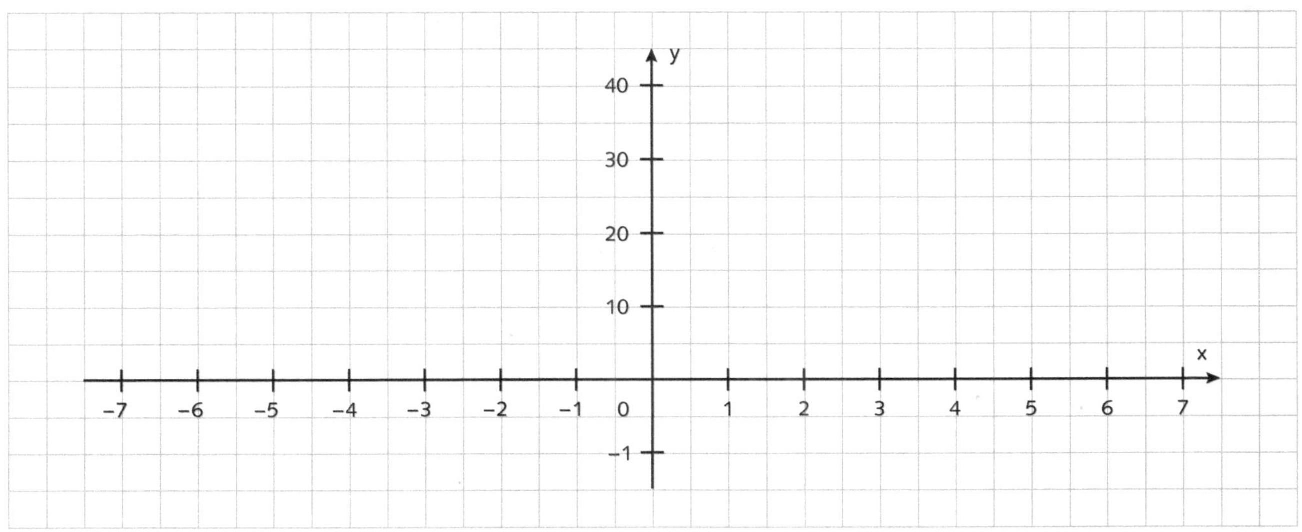

Übungsaufgaben: Wertetabelle

4 $f(x) = 7{,}5x - 45$

x-Wert	**Berechnung des Funktionswerts (y-Wert)**	**Punktschreibweise** P (x-Wert|y-Wert)
$x = -2$		
$x = 2$		
$x = 4$		

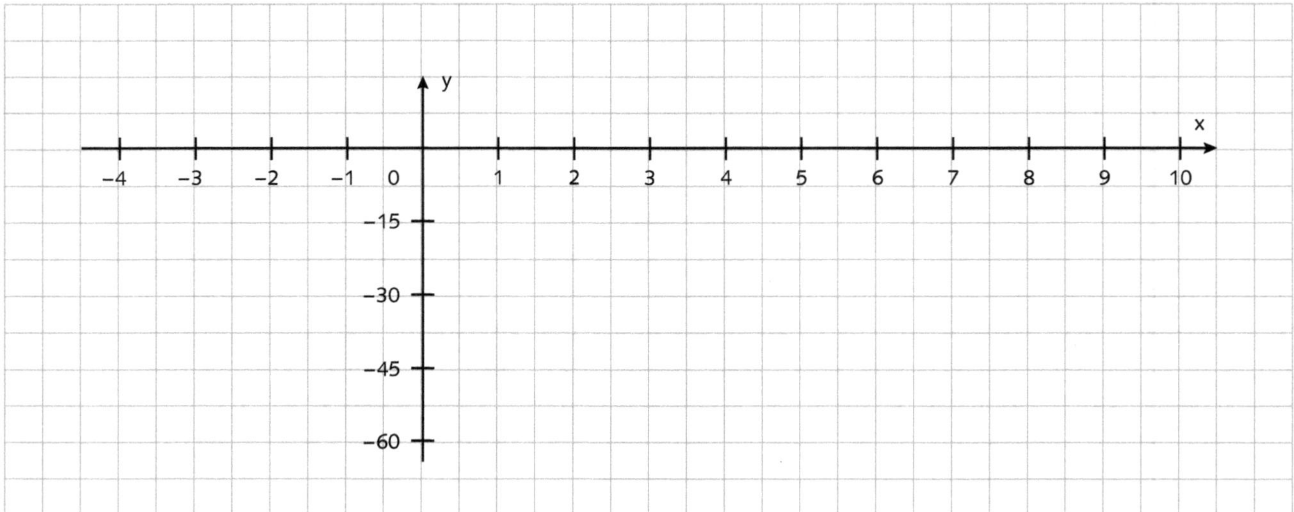

5 $f(x) = -0{,}2x + 4$

x-Wert	**Berechnung des Funktionswerts (y-Wert)**	**Punktschreibweise** P (x-Wert|y-Wert)
$x = -5$		
$x = 10$		
$x = 20$		

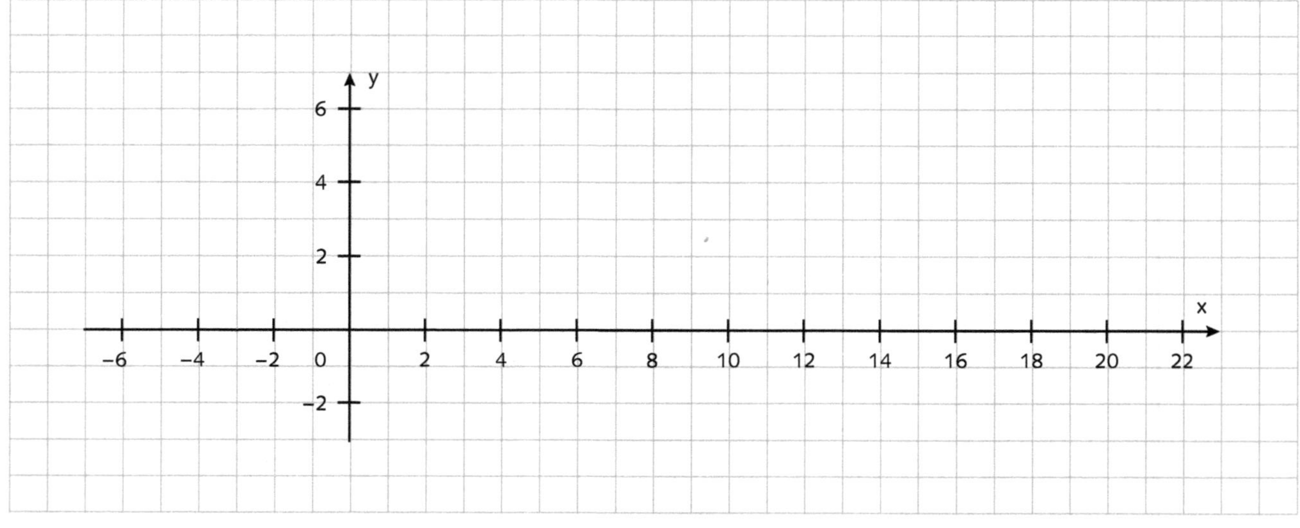

Übungsaufgaben: Wertetabelle

6 $f(x) = 50x + 125$

x-Wert	Berechnung des Funktionswerts (*y*-Wert)	Punktschreibweise P (*x*-Wert|*y*-Wert)
$x = 2{,}5$		
$x = 7{,}5$		
$x = 10$		

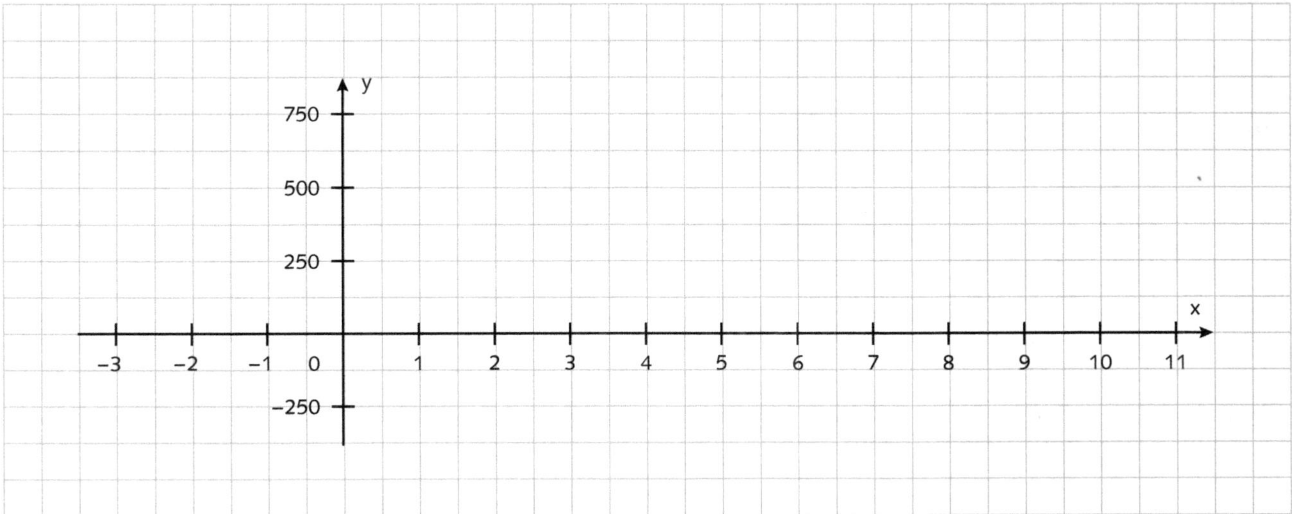

7 $f(x) = 0{,}05x - 2$

x-Wert	Berechnung des Funktionswerts (*y*-Wert)	Punktschreibweise P (*x*-Wert|*y*-Wert)
$x = -10$		
$x = 20$		
$x = 50$		

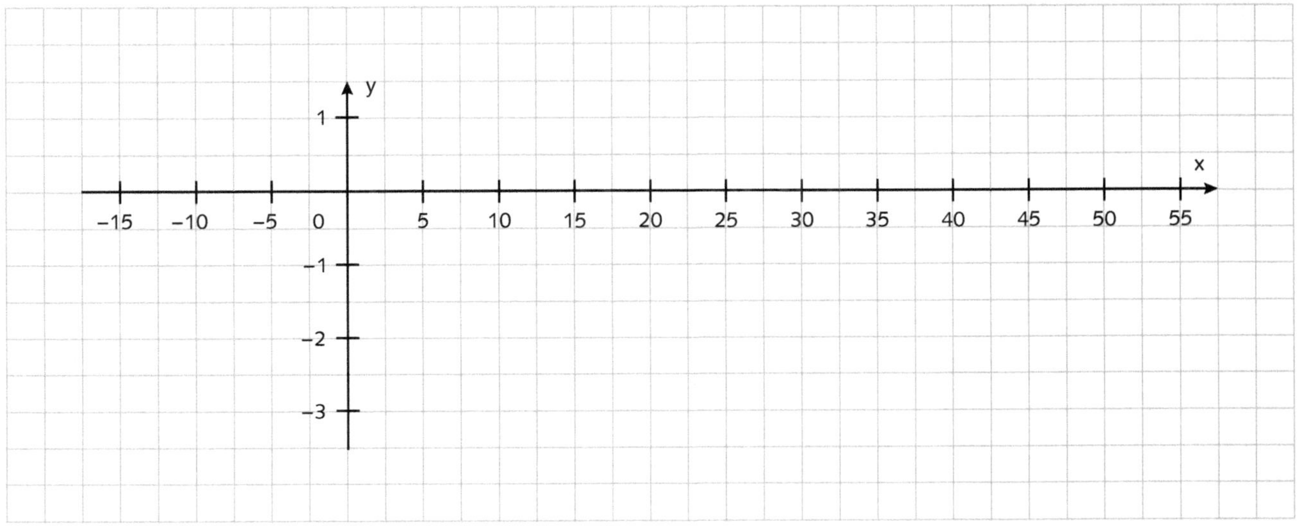

INFO: Nullstelle

Die **Nullstelle** einer Funktion befindet sich dort, wo der Funktionsgraph die x-Achse schneidet bzw. berührt.

In dem dargestellten Beispiel lautet die Funktionsgleichung:

$f(x) = 0{,}5x + 2$

In der grafischen Darstellung erkennt man, dass die Nullstelle bei $x = -4$ liegt.

Punktschreibweise: $S_x(-4|0)$

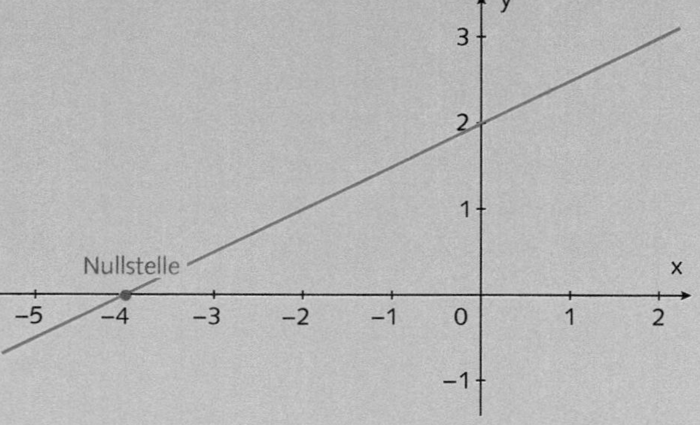

An der Funktionsgleichung lässt sich die Nullstelle allerdings nicht ablesen. Nullstellen müssen immer erst berechnet werden. Das macht man, indem man die Funktion gleich null setzt.

Es gilt: $\boldsymbol{f(x) = 0}$

Beispiel	$f(x) = 0{,}625x - 5$	
Lösung	$0{,}625x - 5 = \mathbf{0}$ $0{,}625x = 5$ $x = 8$ $\mathbf{S_x(8\|0)}$	$\| + 5$ $\| : 0{,}625$

Grafische Darstellung mithilfe von Nullstelle und y-Achsenabschnitt:

Hat man die Nullstelle im Punkt $\mathbf{S_x(8|0)}$ *ermittelt, lässt sich der Graph ganz einfach zeichnen: Man verwendet als weiteren Punkt den y-Achsenabschnitt* $\mathbf{S_y(0|-5)}$ *und zeichnet den Graphen durch die beiden Punkte.*

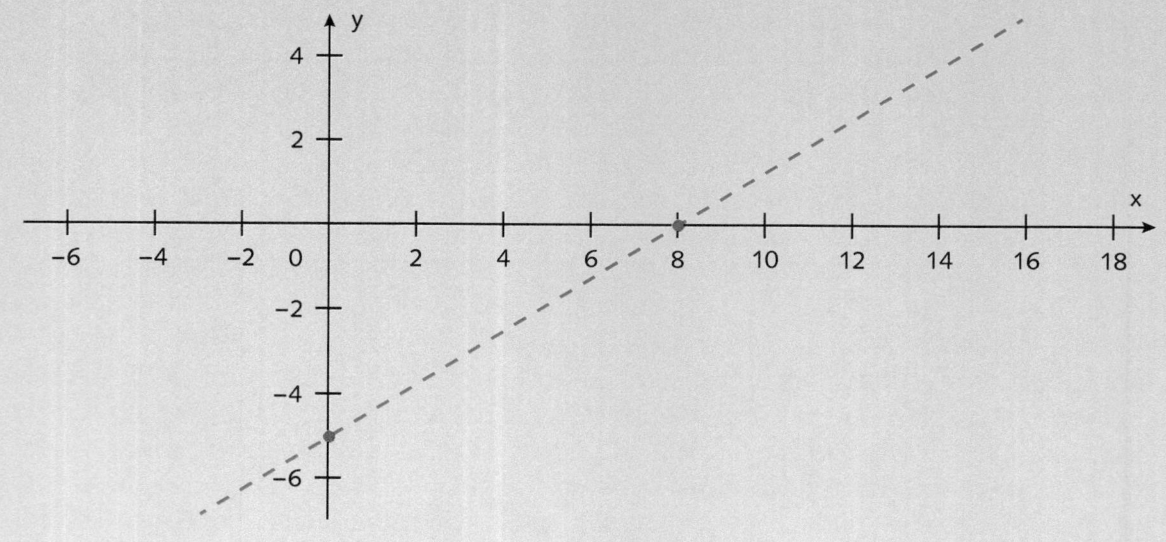

Übungen: Nullstelle berechnen

Berechnen Sie die Nullstelle der angegebenen Funktion.

Notieren Sie die Nullstelle und den y-Achsenabschnitt in Punktschreibweise.

Markieren Sie anschließend die Nullstelle und den y-Achsenabschnitt im nebenstehenden Koordinatensystem.

Zeichnen Sie die lineare Funktion in das Koordinatensystem, indem Sie die markierten Punkte verbinden. *(Benutzen Sie ein Lineal!)*

1 $f(x) = 1{,}25x + 5$

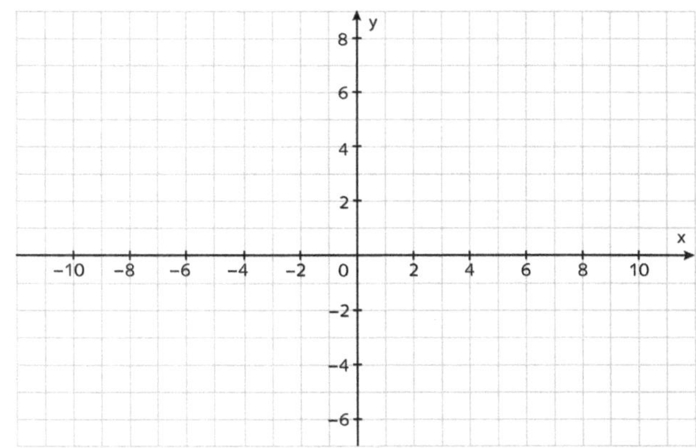

2 $f(x) = -1{,}5x + 9$

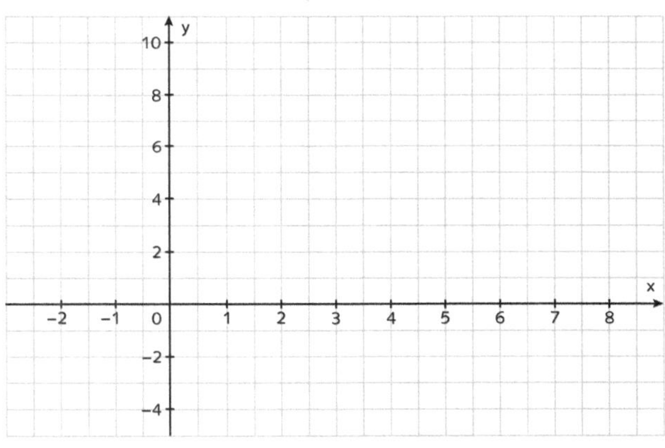

3 $f(x) = 12x - 78$

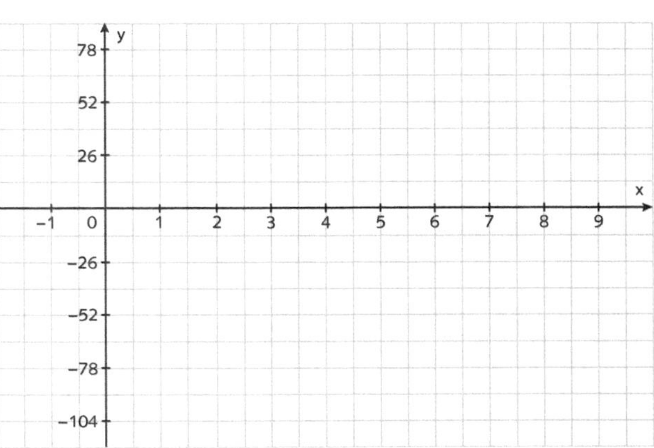

Übungen: Nullstelle berechnen

4 $f(x) = -2{,}25x - 18$

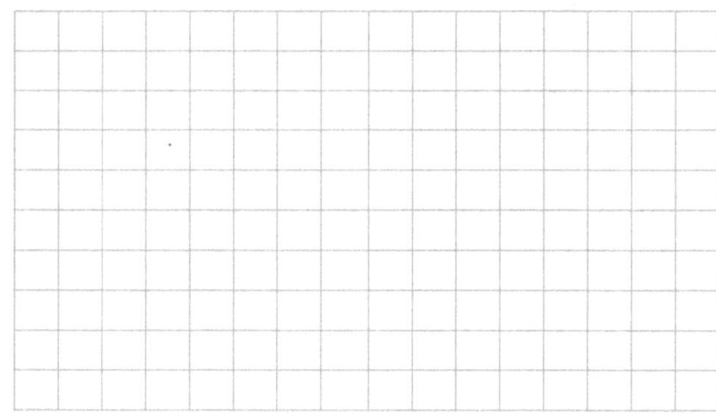

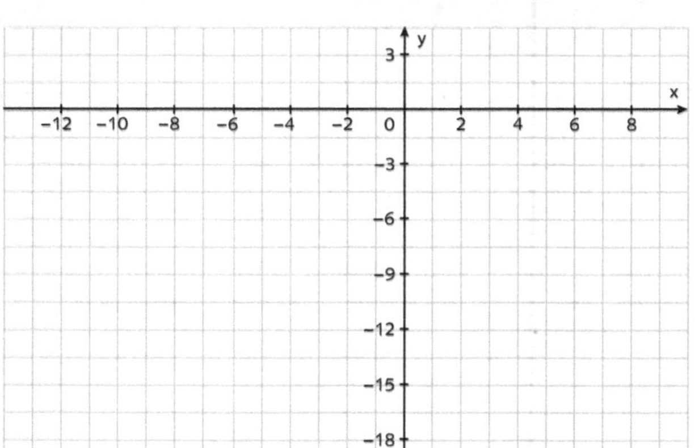

5 $f(x) = -0{,}9x + 13{,}5$

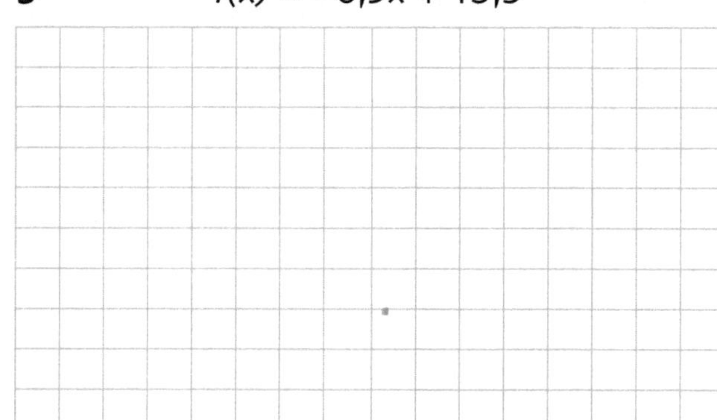

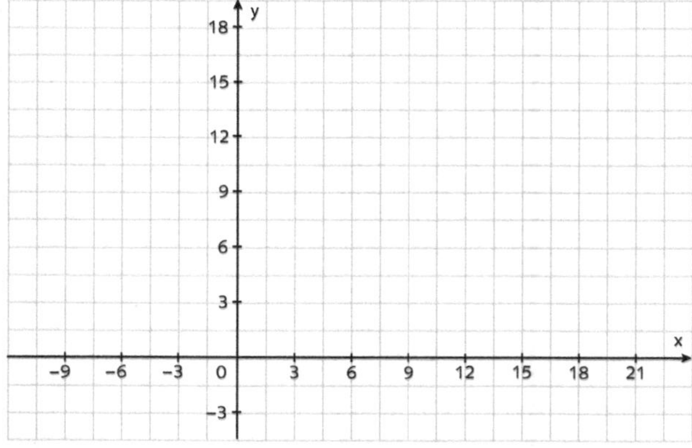

6 $f(x) = 36x - 810$

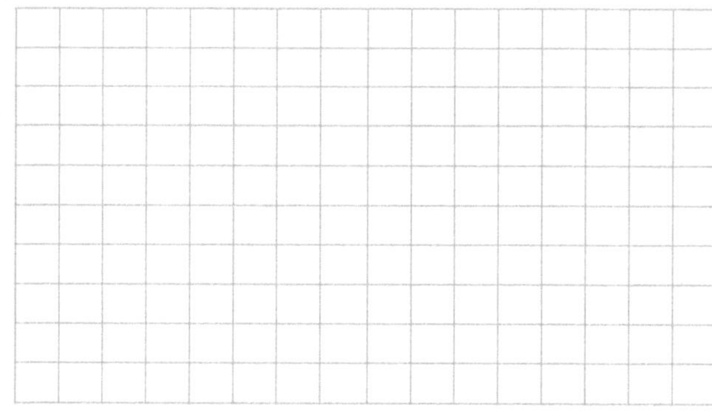

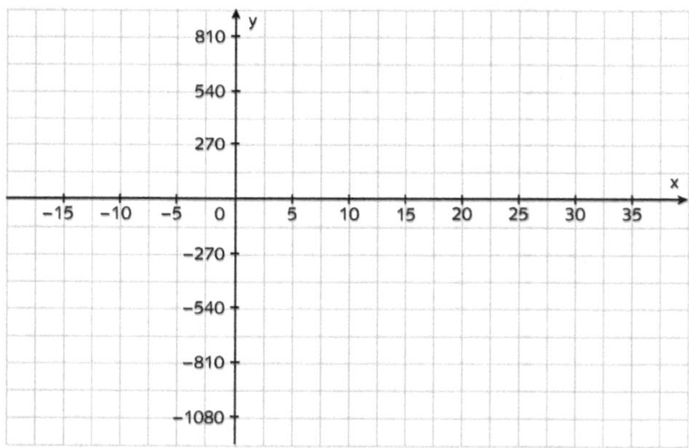

7 $f(x) = 0{,}75x + 37{,}5$

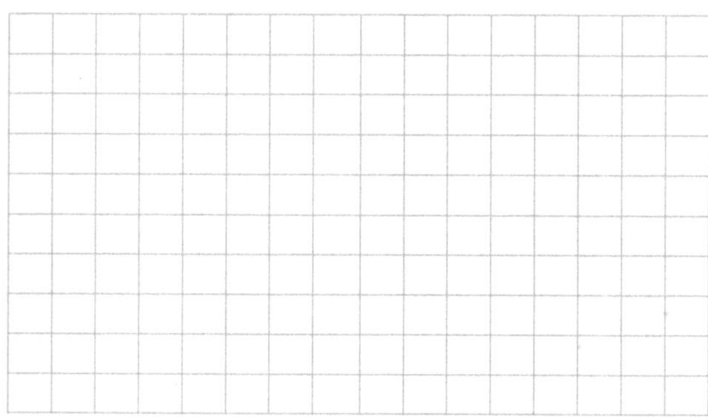

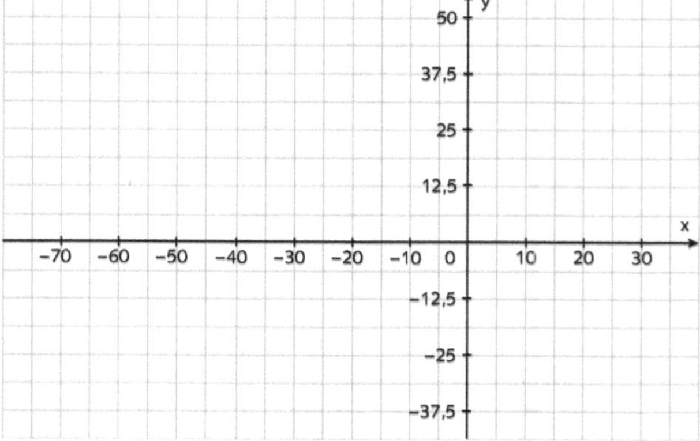

INFO: Schnittpunkt

Den Punkt, in dem sich zwei Funktionen schneiden, nennt man **Schnittpunkt**

Im dargestellten Beispiel liegt der Schnittpunkt bei:

$x = 8$ und $y = 7$

Punktschreibweise: $S(8|7)$

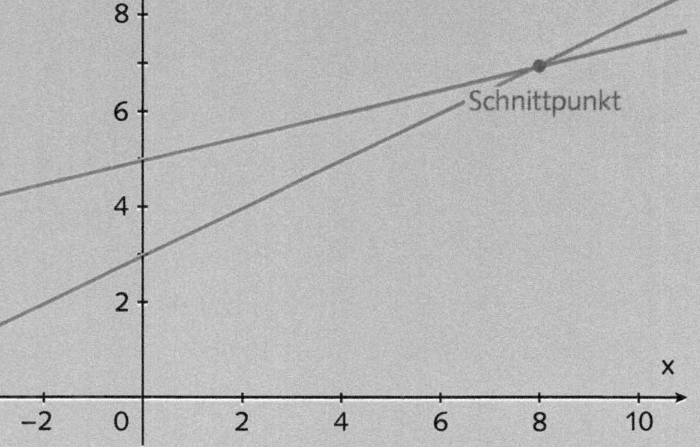

Die Berechnung eines Schnittpunkts erfolgt in drei Schritten:

Schritt 1 Funktionen gleichsetzen: $f_1(x) = f_2(x)$

Schritt 2 Gleichung nach x auflösen

Schritt 3 Den ermittelten x-Wert in eine der Gleichungen einsetzen und den dazugehörigen y-Wert berechnen.

Beispiel $f_1(x) = 0{,}5x + 3$

$f_2(x) = 0{,}25x + 5$

Lösung

$0{,}5x + 3 = 0{,}25x + 5$	$\| -3$
$0{,}5x = 0{,}25x + 2$	$\| -0{,}25x$
$0{,}25x = 2$	$\| : 0{,}25$
$x = 8$	
$f_1(8) = 0{,}5 \cdot 8 + 3 = 7$	$S(8\|7)$

Grafische Darstellung mithilfe von Nullstelle und y-Achsenabschnitt:

Hat man den Schnittpunkt **$S(8|7)$** *ermittelt, lassen sich die Graphen ganz einfach zeichnen. Dazu verwendet man als weitere Punkte die y-Achsenabschnitte* **$S_y(0|3)$** *und* **$S_y(0|5)$**. *Man zeichnet die beiden Graphen jeweils durch ihren y-Achsenabschnitt und den gemeinsamen Schnittpunkt.*

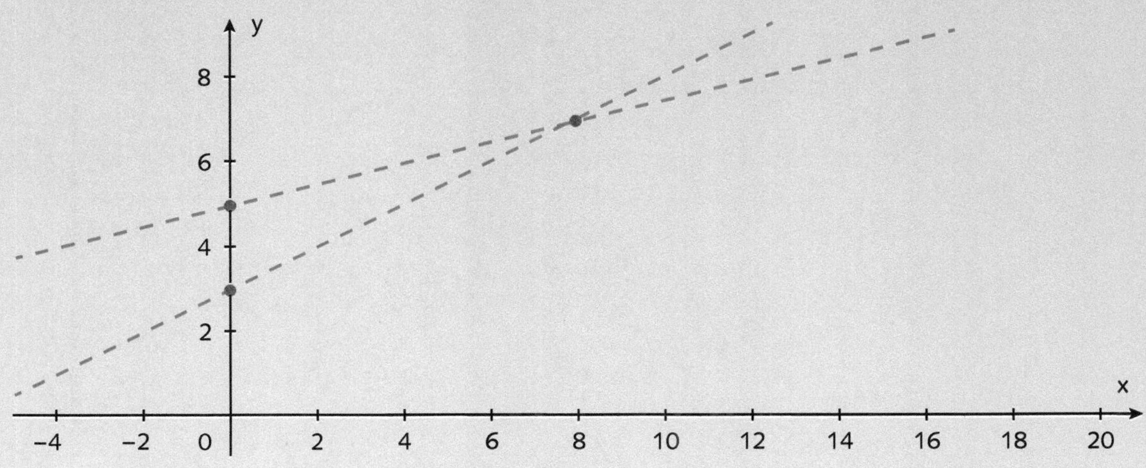

Übungen: Schnittpunkt berechnen

Berechnen Sie den Schnittpunkt der angegebenen Funktionen.

Notieren Sie den Schnittpunkt und die *y*-Achsenabschnitte in Punktschreibweise.

Markieren Sie anschließend den Schnittpunkt und die *y*-Achsenabschnitte im darunterstehenden Koordinatensystem.

Zeichnen Sie die linearen Funktionen in das Koordinatensystem, indem Sie die markierten Punkte verbinden. *(Benutzen Sie ein Lineal!)*

1 $f_1(x) = -0{,}75x + 2$ $f_2(x) = 0{,}5x - 3$

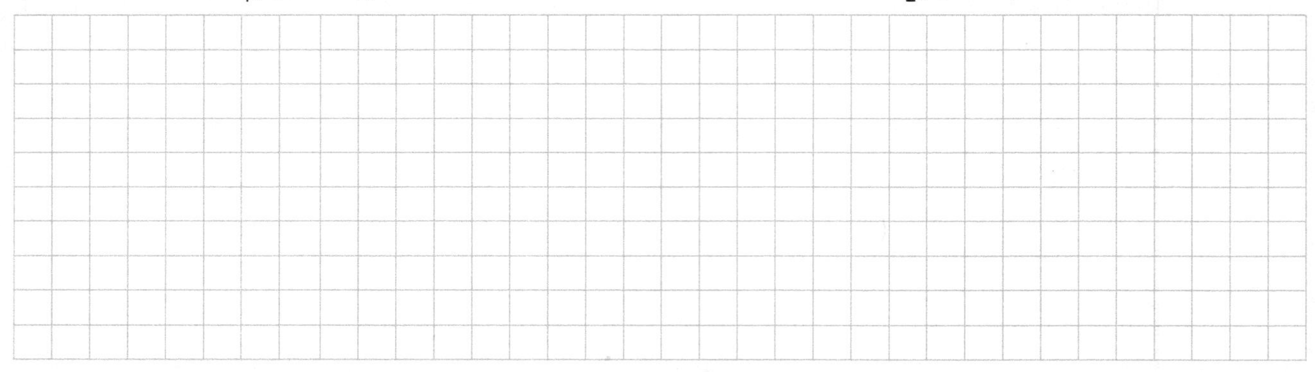

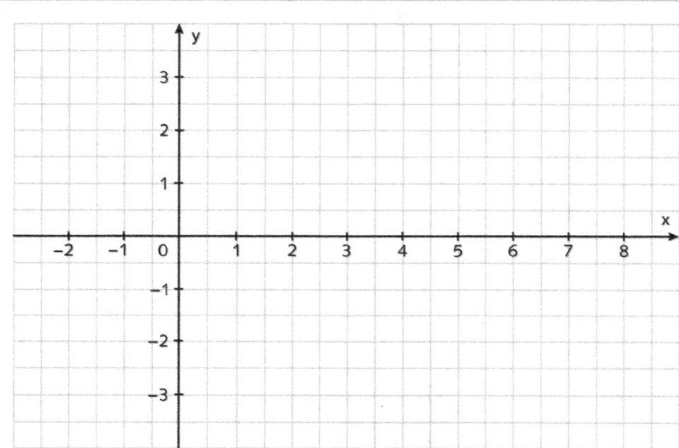

Übungen: Schnittpunkt berechnen

2 $f_1(x) = -2{,}25x + 25$ $f_2(x) = -0{,}25x - 15$

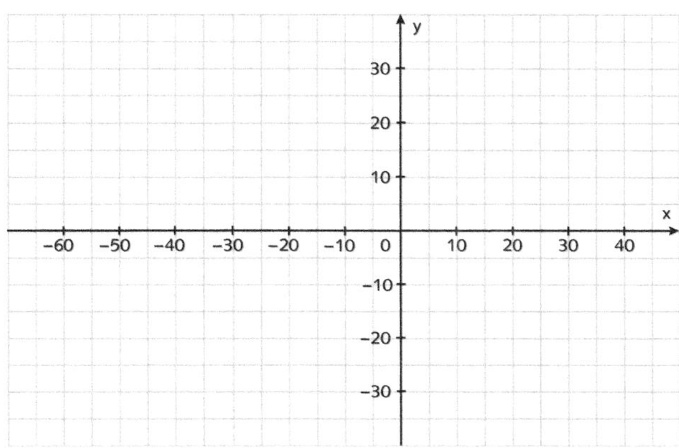

3 $f_1(x) = 0{,}2x + 15$ $f_2(x) = -0{,}3x - 10$

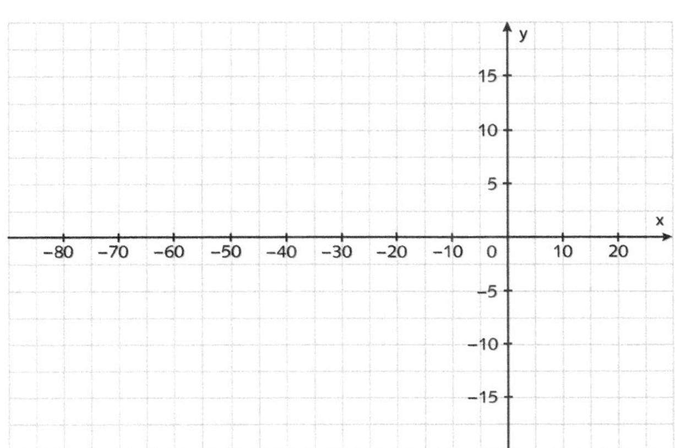

Übungen: Schnittpunkt berechnen

4 $f_1(x) = 5x + 20$ $f_2(x) = 25x - 60$

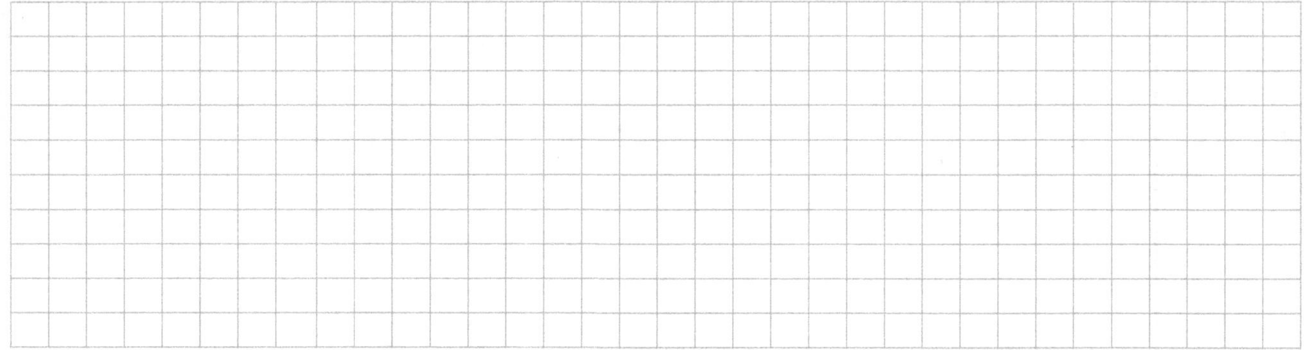

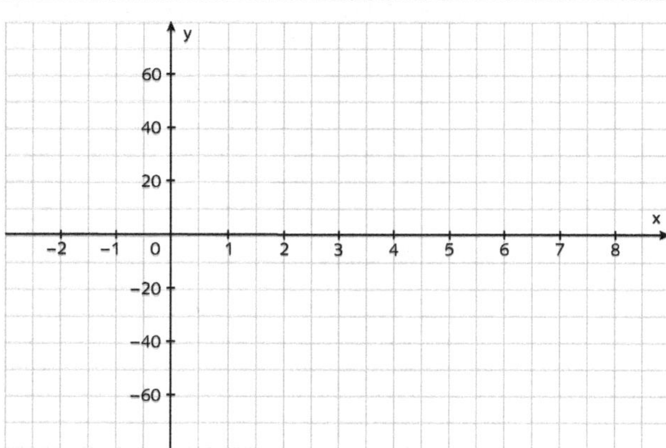

5 $f_1(x) = 0{,}025x + 2$ $f_2(x) = 0{,}1x - 1$

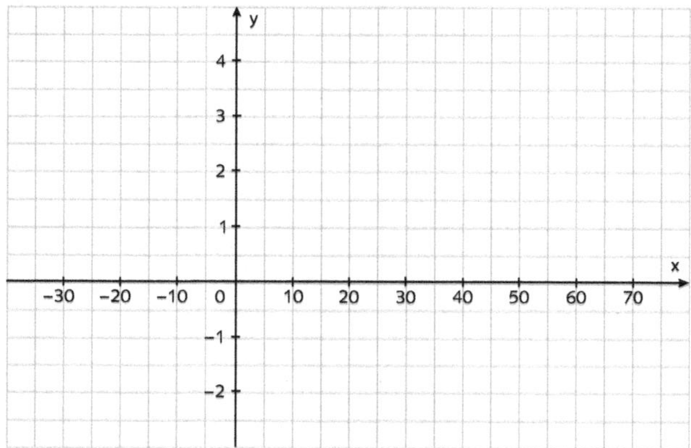

Übungen: Schnittpunkt berechnen

6 $f_1(x) = 0{,}18x - 1$ $f_2(x) = -0{,}06x + 5$

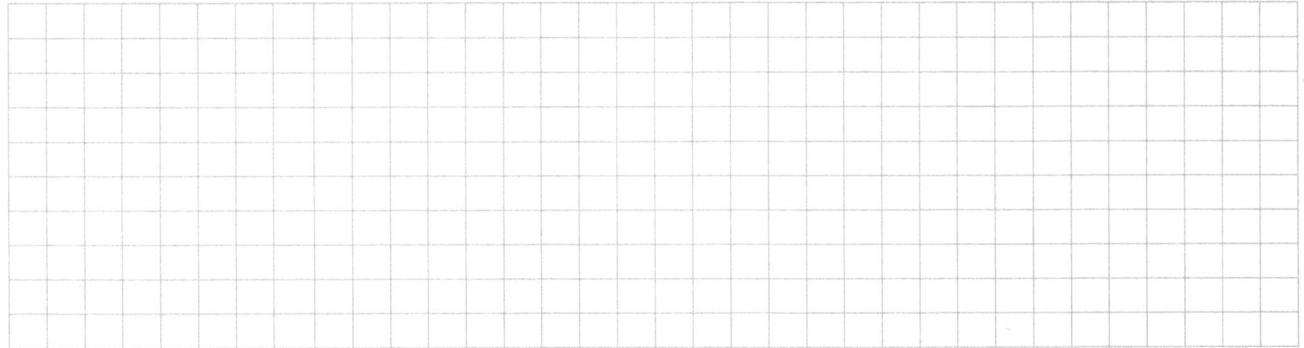

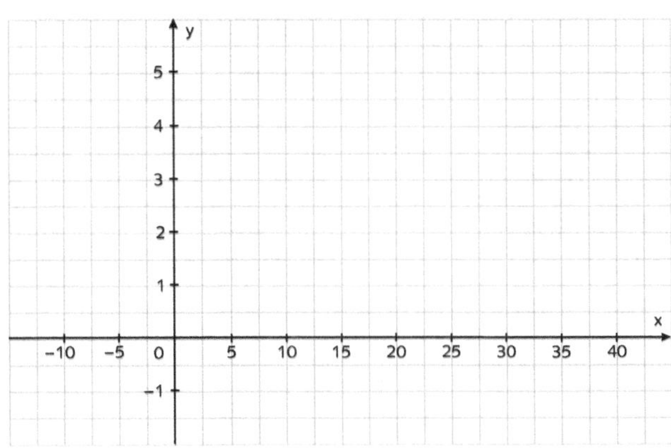

7 $f_1(x) = 1{,}875x - 2{,}5$ $f_2(x) = 3{,}75x + 5$

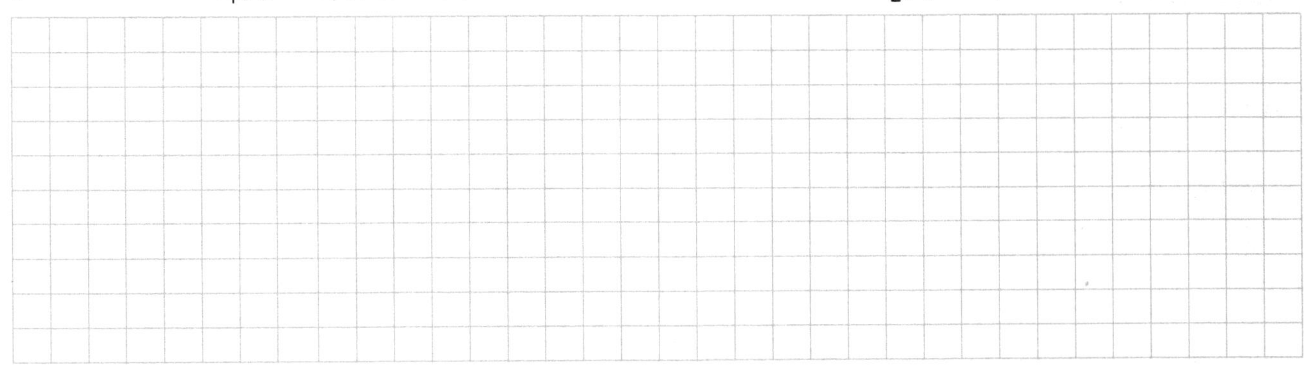

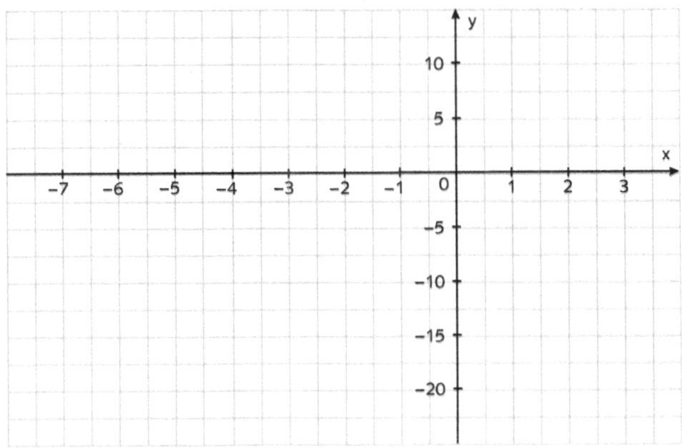

INFO: Steigungsformel

Die **Steigungsformel** *(Differenzenquotient)* ist ein *Werkzeug*, mit dessen Hilfe man aus zwei linear zusammenhängenden Punkten eine lineare Funktion herleiten kann.

Die **allgemeine Form** einer linearen Funktion lautet:

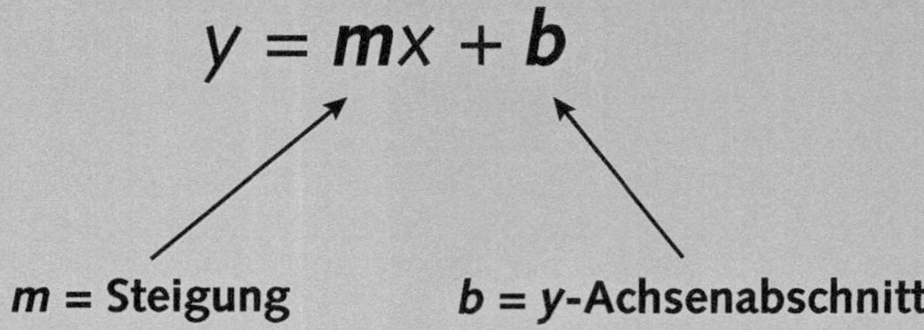

Beispiel

In dem nebenstehenden Schaubild ist der Graph einer linearen Funktion abgebildet. Sie hat eine negative Steigung und einen positiven y-Achsenabschnitt.

$$m = -0{,}5$$
$$b = 4$$

Die lineare Funktionsgleichung lautet somit:

$$y = -0{,}5x + 4$$

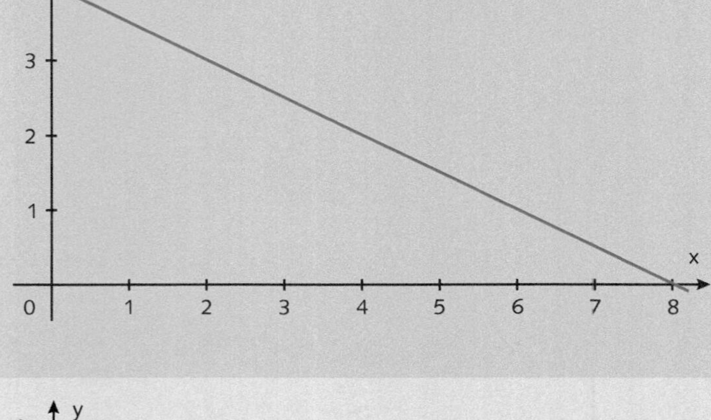

Angenommen, die Funktionsgleichung sei unbekannt und man kenne lediglich zwei Punkte, die linear zusammenhängen:

$$P_1(2\,|\,3)$$
$$P_2(6\,|\,1)$$

Mithilfe der Steigungsformel lässt sich dann die Funktionsgleichung aufstellen.

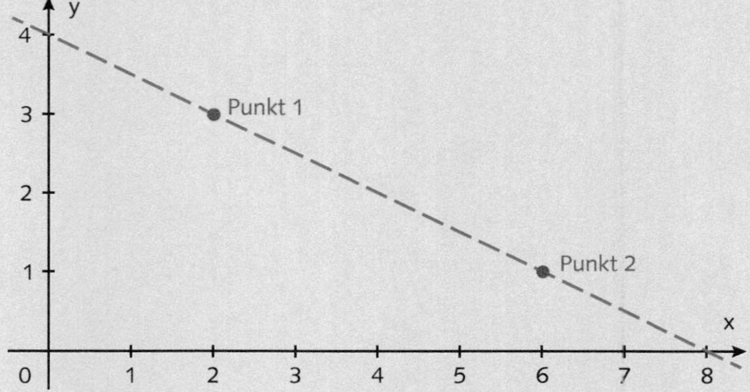

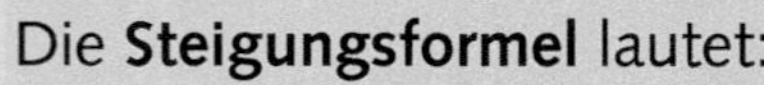

Die **Steigungsformel** lautet:

$$m = \frac{y_2 - y_1}{x_2 - x_1}$$

INFO: Steigungsformel

Lösung

Schritt 1 Die gegebenen Punkte in Punktschreibweise notieren.	$P_1(x_1 \mid y_1) \Rightarrow P_1(2 \mid 3)$ $P_2(x_2 \mid y_2) \quad P_2(6 \mid 1)$
Schritt 2 Berechnung von *m* mithilfe der Steigungsformel durchführen.	$m = \frac{y_2 - y_1}{x_2 - x_1} = \frac{1-3}{6-2} = \frac{-2}{4} = -0{,}5$
Schritt 3 Die berechnete Steigung *m* und einen der gegebenen Punkte in die allgemeine Gleichungsform einsetzen.	$y = m \cdot x + b$ $3 = -0{,}5 \cdot 2 + b$
Schritt 4 Gleichung nach *b* auflösen.	$3 = -0{,}5 \cdot 2 + b$ $3 = -1 + b \quad \mid +1$ $4 = b$
Schritt 5 Die endgültige Funktion aufstellen.	$y = -0{,}5x + 4$

Übungen: Steigungsformel

Stellen Sie anhand der gegebenen Punkte die lineare Funktionsgleichung **auf**.

1  $P_1(2|11)$ $P_2(7|23{,}5)$

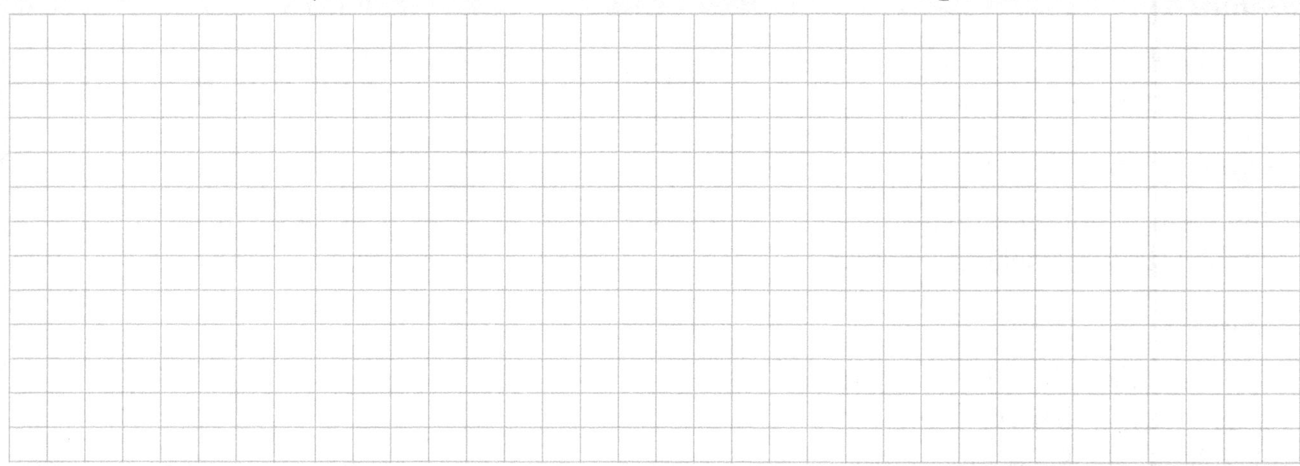

2 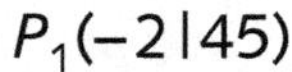 $P_1(-2|45)$ $P_2(8|145)$

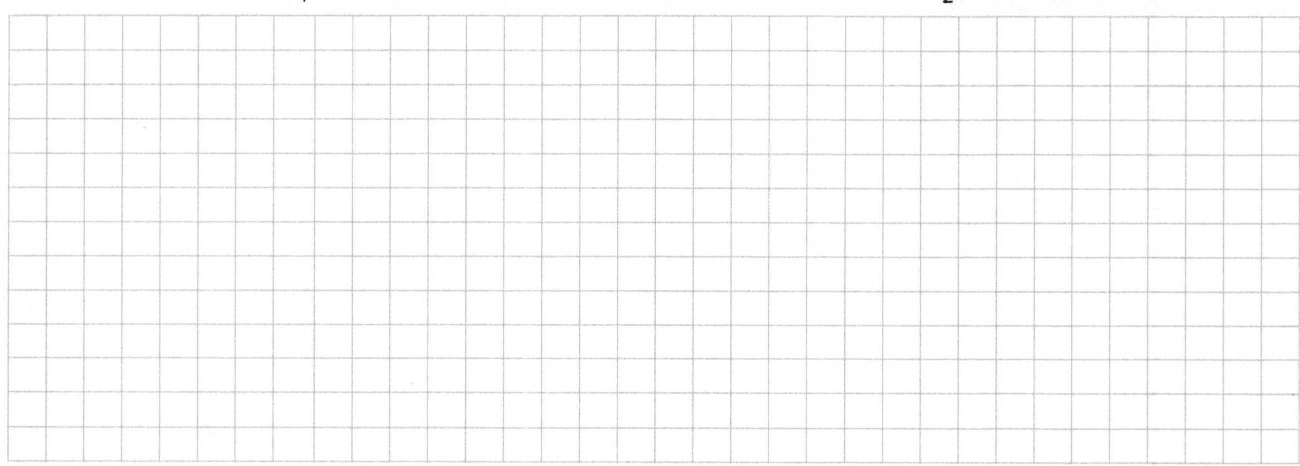

3 $P_1(-5|3)$ $P_2(10|6)$

Übungen: Steigungsformel

4 $P_1(3|-1{,}25)$ $P_2(-5|4{,}75)$

5 $P_1(2|-14)$ 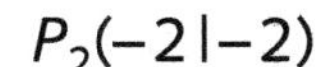 $P_2(-2|-2)$

6 $P_1(-4|2)$ $P_2(5|47)$

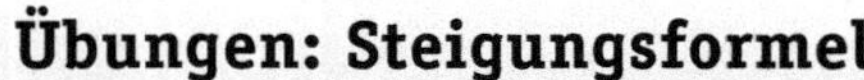

Übungen: Steigungsformel

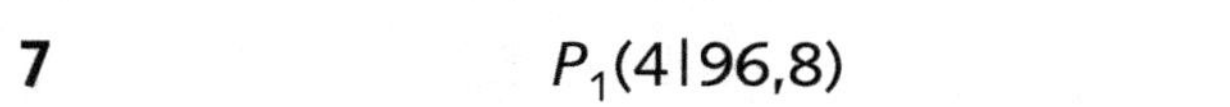

7 $P_1(4|96,8)$ $P_2(12|90,4)$

8 $P_1(10|23,4)$ $P_2(-46|31,8)$

9 $P_1(-12|-29)$ $P_2(6|2,5)$

Übungen: Steigungsformel

10 $P_1(4{,}5 \mid -89{,}5)$ $P_2(10 \mid -172)$

11  $P_1(20 \mid 261)$ 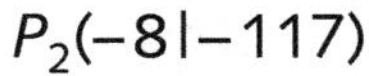 $P_2(-8 \mid -117)$

12 $P_1(3 \mid -18{,}15)$  $P_2(-2 \mid 19{,}85)$

Anhang – Quadratische Gleichungen

INFO: Rein quadratische Gleichungen lösen

Rein quadratische Gleichung

Die Form einer rein quadratischen Gleichung sieht wie folgt aus:

$ax^2 + c = 0$

Es handelt sich dabei um einen Term, in dem die Variable nur in der Form x^2 vorkommt. Es ist ebenfalls zu beachten, dass der **Term = 0** entspricht!

Beispiel

$5x^2 - 180 = 0$

Für $x = 6$ gilt:

$5 \cdot 6^2 - 180 = 5 \cdot 36 - 180 = 180 - 180 = 0$

Allerdings existiert in diesem Fall noch eine zweite Lösung, denn für $x = -6$ gilt ebenfalls:

$5 \cdot (-6)^2 - 180 = 5 \cdot 36 - 180 = 180 - 180 = 0$

Man muss beachten, dass eine quadratische Gleichung *zwei Lösungen*, nur *eine Lösung* oder sogar gar *keine Lösung* haben kann. Dies zeigt sich, wenn man die quadratische Gleichung nach x auflöst. Entscheidend ist hierbei die Zahl, aus der man die Wurzel zieht – diese Zahl nennt sich *Diskriminante*.

Zwei Lösungen
Diskriminante > 0

Die Wurzel aus einer positiven Zahl besitzt zwei Lösungen.

$$\begin{aligned} 4x^2 - 100 &= 0 && \mid +100 \\ 4x^2 &= 100 && \mid :4 \\ x^2 &= 25 && \mid \sqrt{\ } \\ x &= \pm\sqrt{25} \\ x_1 = 5 &\text{ und } x_2 = -5 \end{aligned}$$

Eine Lösung
Diskriminante = 0

Die Wurzel aus der Zahl Null ergibt Null.

$$\begin{aligned} 4x^2 &= 0 && \mid :4 \\ x^2 &= 0 && \mid \sqrt{\ } \\ x &= 0 \end{aligned}$$

Keine Lösung
Diskriminante < 0

Die Wurzel aus einer negativen Zahl ist nicht definiert, da keine Zahl mit sich selbst multipliziert eine negative Zahl ergibt.

$x^2 = -6$ ⇒ keine Lösung

Übungen: Rein quadratische Gleichungen lösen

Lösen Sie die lineare Gleichung durch Äquivalenzumformung.
Geben Sie alle möglichen Lösungen **an**.

1 $3x^2 - 432 = 0$

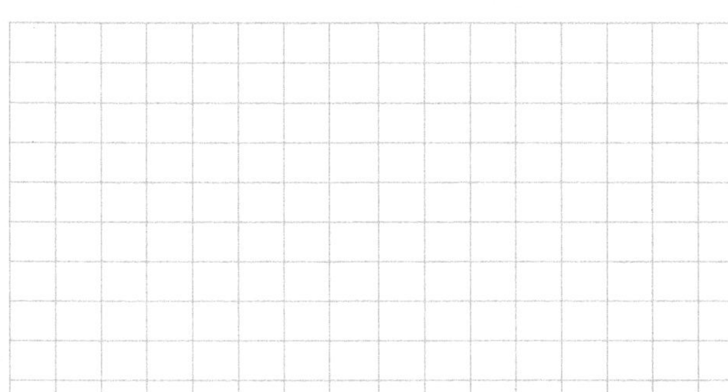

2 $-9x^2 + 576 = 0$

3 $6x^2 - 294 = 0$

4 $-6x^2 + 1.734 = 0$

5 $7x^2 - 63 = 0$

6 $8x^2 - 288 = 0$

7 $-3x^2 + 10 = 10$

8 $2x^2 + 33 = 83$

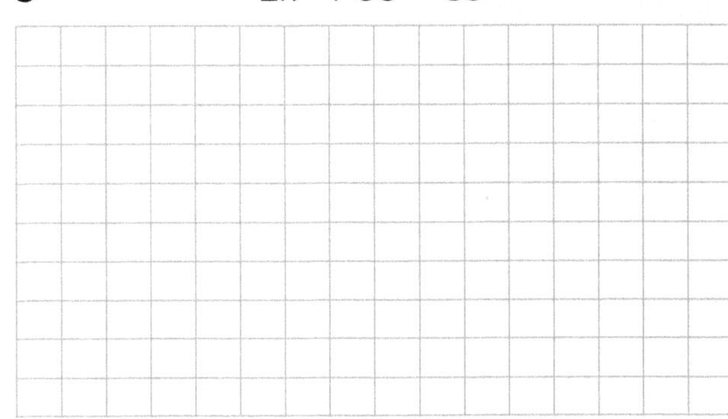

Übungen: Rein quadratische Gleichungen lösen

9 $3x^2 + 102 = 2.130$

10 $10x^2 + 358 = -452$

11 $3{,}5x^2 - 270 = 626$

12 $-12x^2 + 17 = -58$

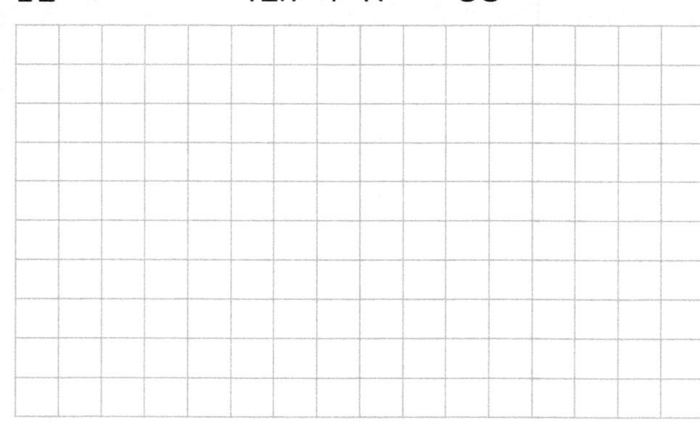

13 $14x^2 + 24 = 374$

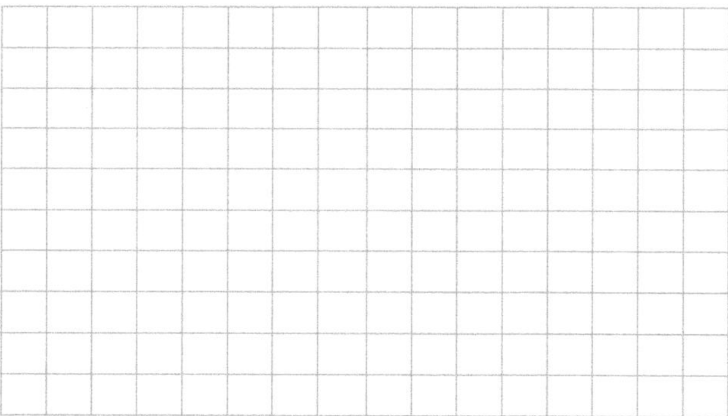

14 $100x^2 - 56 = 88$

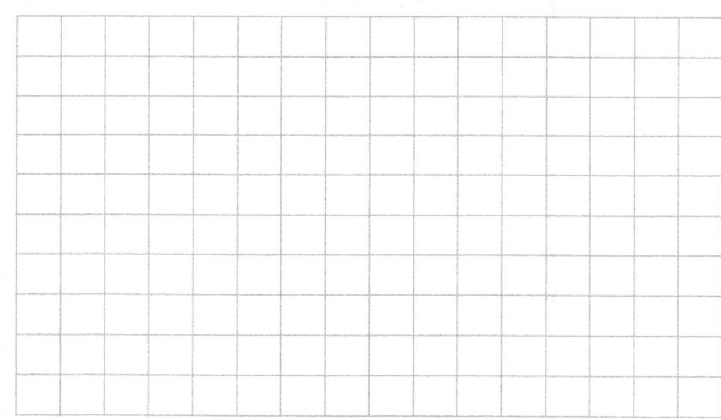

15 $4x^2 - 144 = -23$

16 $-5x^2 - 462 = -1.442$

INFO: Quadratische Gleichungen lösen (pq-Formel)

Quadratische Gleichung

Die **allgemeine Form** einer quadratischen Gleichung sieht wie folgt aus:

$ax^2 + bx + c = 0$

Es handelt sich dabei also um einen Term, in dem die Variable sowohl in einfacher Form als auch als Quadrat vorkommt.

Es ist zu beachten, dass der **Term = 0** entspricht!

Wie bei den rein quadratischen Gleichungen kann es *zwei Lösungen*, nur *eine Lösung* oder sogar gar *keine Lösung* geben. Entscheidend hierfür ist die Zahl unter der Wurzel – die sogenannte *Diskriminante*.

Umformung in die Normalform

Um eine gemischt quadratische Gleichung mithilfe der pq-Formel zu lösen, muss man die Gleichung erst in die **Normalform** bringen. Für die nötige Umformung teilt man alle Zahlen der Gleichung durch den Koeffizienten *a*.

$$\frac{a}{a}x^2 + \frac{b}{a}x + \frac{c}{a} = 0$$

Daraus ergibt sich die **Normalform** einer quadratischen Gleichung:

$$x^2 + px + q = 0$$

Beispiel:

$$-2x^2 + 8x + 10 = 0 \qquad | : (-2)$$

$$x^2 \mathbf{-4}x \mathbf{-5} = 0$$

pq-Formel

Nun lassen sich die Werte ***p*** und ***q*** ablesen, die man nur noch in die pq-Formel einsetzen muss.[1]

$$x_{1/2} = -\frac{p}{2} \pm \sqrt{\left(\frac{p}{2}\right)^2 - q}$$

1 Die Schreibweise $x_{1/2}$ ist die Kurzform für x_1 und x_2. Das ± Zeichen vor der Wurzel sollte bereits von den rein quadratischen Gleichungen bekannt sein.

INFO: Quadratische Gleichungen lösen (pq-Formel)

	Zwei Lösungen Diskriminante > 0	**Eine Lösung** Diskriminante = 0	**Keine Lösung** Diskriminante < 0
Schritt 1 *Normalform herstellen, indem man durch **a** teilt*	$-\mathbf{2}x^2 + 8x + 10 = 0 \quad \vert :(-2)$ $x^2 - \mathbf{4}x - \mathbf{5} = 0$	$-x^2 + 6x - 9 = 0 \quad \vert :(-1)$ $x^2 - \mathbf{6}x + \mathbf{9} = 0$	$\mathbf{0{,}8}x^2 + 2{,}4x + 8 = 0 \quad \vert :(0{,}8)$ $x^2 + \mathbf{3}x + \mathbf{10} = 0$
Schritt 2 ***p** und **q** bestimmen*	$p = -4$ $q = -5$	$p = -6$ $q = +9$	$p = +3$ $q = +10$
Schritt 3 ***p** und **q** in die pq-Formel einsetzen und die Wurzel ermitteln* *<u>vor der Wurzel</u> **p** halbieren und das Vorzeichen umkehren* *<u>unter der Wurzel</u> **p** halbieren und quadrieren/das Vorzeichen von **q** umkehren*	$x_{1/2} = \frac{(-4)}{2} \pm \sqrt{\left(\frac{-4}{2}\right)^2 - (-5)}$ $\mathbf{x_{1/2} = 2 \pm \sqrt{4 + 5}}$ $= 2 \pm \sqrt{\mathbf{9}}$ $= 2 \pm 3$	$x_{1/2} = -\frac{(-6)}{2} \pm \sqrt{\left(\frac{-6}{2}\right)^2 - 9}$ $\mathbf{x_{1/2} = 3 \pm \sqrt{9 - 9}}$ $= 3 \pm \sqrt{\mathbf{0}}$ $= 3 \pm 0$ *Die Wurzel aus der Zahl Null ergibt null. Somit existiert lediglich eine Lösung.*	$x_{1/2} = -\frac{3}{2} + \sqrt{\left(\frac{3}{2}\right)^2 - 10}$ $\mathbf{x_{1/2} = -1{,}5 \pm \sqrt{2{,}25 - 10}}$ $= -1{,}5 \pm \sqrt{\mathbf{-7{,}75}}$ *Die Wurzel aus einer negativen Zahl ist nicht definiert, da keine Zahl mit sich selbst multipliziert eine negative Zahl ergibt.*
Schritt 4 *Lösungen ermitteln*	$x_1 = 2 - 3 = -1$ $x_2 = 2 + 3 = 5$	$x = 3$	*keine Lösung*

Übungen: Quadratische Gleichungen lösen (pq-Formel)

Berechnen Sie die Lösung der quadratischen Gleichung mit der pq-Formel.
Geben Sie alle möglichen Lösungen **an**.

1 $x^2 - 2{,}5x + 1{,}5 = 0$

2 $5x^2 - 20x + 18{,}75 = 0$

3 $-0{,}5x^2 + 5x - 12{,}5 = 0$

4 $x^2 - 8x + 12 = 0$

Übungen: Quadratische Gleichungen lösen (pq-Formel)

5 $-x^2 + 5x - 2{,}25 = 0$

6 $-3x^2 - 18x - 35 = 0$

7 $0{,}5x^2 - 2x - 2{,}5 = 0$

8 $0{,}2x^2 + x - 1{,}2 = 0$

Übungen: Quadratische Gleichungen lösen (pq-Formel)

9 $2x^2 - 2x - 24 = 0$

10 $70x^2 + 840x - 910 = 0$

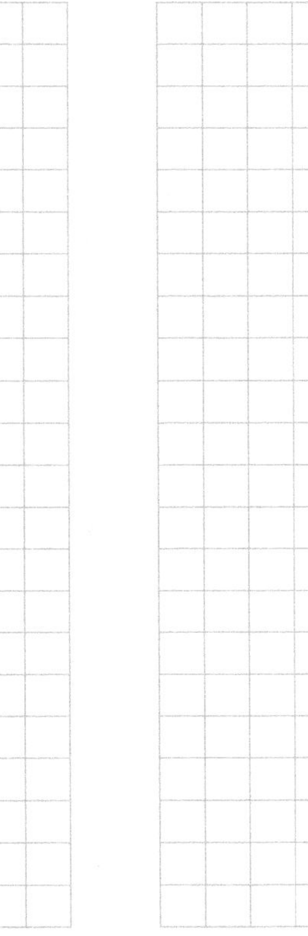

11 $3x^2 + 1{,}5x + 6 = 0$

12 $0{,}5x^2 + x - 1{,}5 = 0$

Übungen: Quadratische Gleichungen lösen (pq-Formel)

13 $2x^2 + 12x + 18 = 0$

14 $0{,}5x^2 + 2x + 7 = 0$

15 $-20x^2 + 420x - 205 = 0$

16 $3x^2 + 21x - 24 = 0$

Anhang – Quadratische Funktionen

INFO: Grundlagen

Allgemeine Form	Eine quadratische Funktionsgleichung hat die allgemeine Form: $f(x) = a \cdot x^2 + b \cdot x + c$
Graphischer Verlauf (Parabel)	Der Graph einer quadratischen Funktion heißt Parabel. Der tiefste Punkt bzw. höchste Punkt einer **Parabel** nennt sich **Scheitelpunkt.** Zu jeder Parabel gibt es eine senkrechte **Symmetrieachse,** die durch den Scheitelpunkt verläuft. 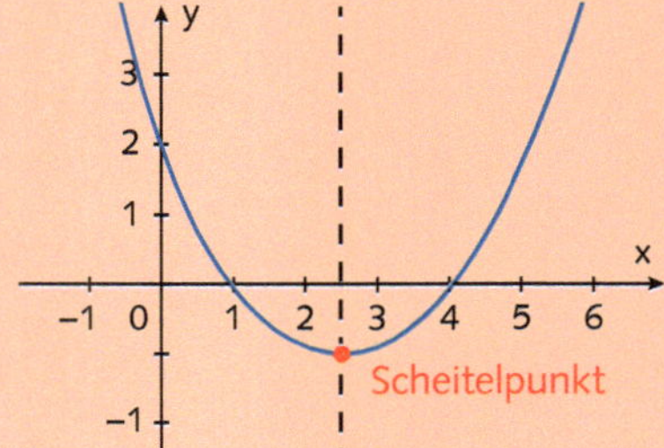
Öffnung	Das Vorzeichen des **Koeffizienten *a*** gibt an, ob die Parabel nach oben oder nach unten geöffnet ist. $a > 0$ • Parabel ist nach oben geöffnet • Scheitelpunkt = Tiefpunkt • für große *x*-Werte verläuft der Graph Richtung *„plus unendlich"* $a < 0$ • Parabel ist nach unten geöffnet • Scheitelpunkt = Hochpunkt • für große *x*-Werte verläuft der Graph Richtung *„minus unendlich"*
Streckung/ Stauchung	Der Betrag des **Koeffizienten *a*** gibt an, ob die Parabel gestaucht oder gestreckt ist. $\lvert a \rvert > 1$ Parabel ist gestreckt *(in die Länge gezogen)* $\lvert a \rvert < 1$ Parabel ist gestaucht *(in die Breite gezogen)*
y-Achsen-abschnitt	Der Punkt, in dem der Funktionsgraph die *y*-Achse schneidet, nennt sich ***y*-Achsenabschnitt**. In der allgemeinen Form ist dies der Wert von *c*, also der alleinstehende Wert – ohne eine Verknüpfung mit einem *x*. Der *y*-Achsenabschnitt lässt sich somit direkt aus der Funktionsgleichung ablesen.
Nullstellen	Der Punkt, in dem der Funktionsgraph die *x*-Achse schneidet bzw. berührt, nennt sich Nullstelle. **Die Nullstellen lassen sich mit Hilfe der PQ-FORMEL berechnen.** Eine quadratische Funktion hat entweder • zwei Nullstellen *(x-Achse wird geschnitten),* • eine Nullstelle *(x-Achse wird berührt),* • keine Nullstelle.

INFO: Grundlagen

Beispiele

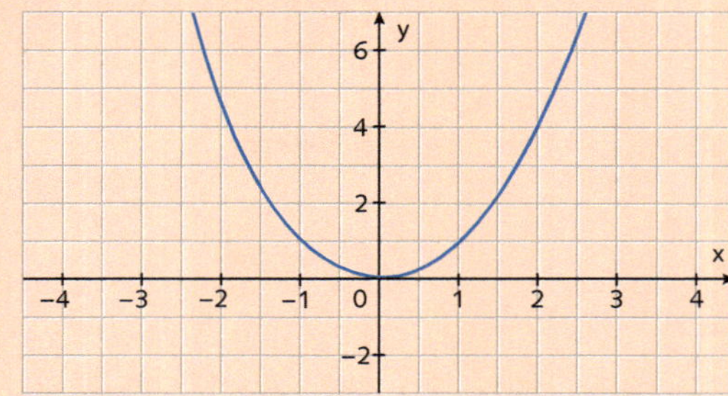

$f(x) = x^2$ **(Normalparabel)**

- nach oben geöffnet
- keine Streckung/keine Stauchung
- Scheitelpunkt = Tiefpunkt $T(0|0)$
- y-Achsenabschnitt $S_y(0|0)$
- eine Nullstelle $S_x(0|0)$

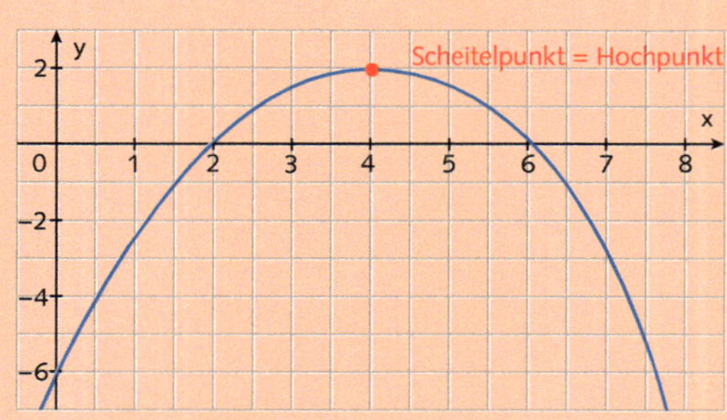

$f(x) = -0{,}5x^2 + 4x - 6$

- nach unten geöffnet
- gestaucht
- Scheitelpunkt = Hochpunkt $H(4|2)$
- y-Achsenabschnitt $S_y(0|-6)$
- zwei Nullstellen $S_{x1}(2|0)$, $S_{x2}(6|0)$

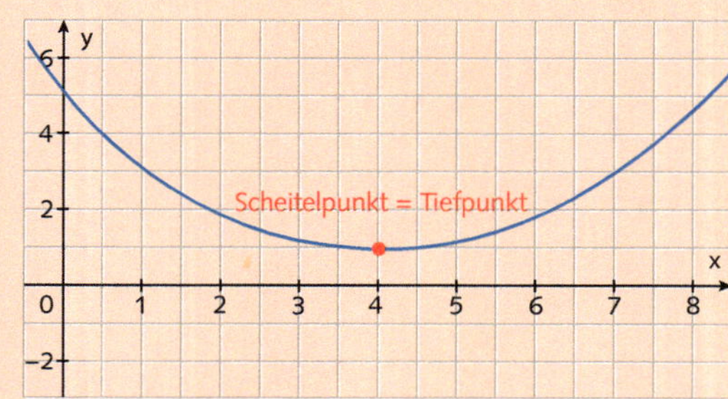

$f(x) = 0{,}25x^2 - 2x + 5$

- nach oben geöffnet
- gestaucht
- Scheitelpunkt = Tiefpunkt $T(4|1)$
- y-Achsenabschnitt $S_y(0|5)$
- keine Nullstelle

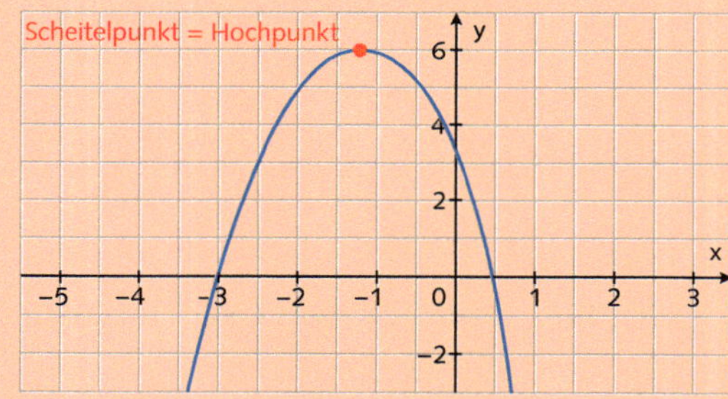

$f(x) = -2x^2 - 5x + 3$

- nach unten geöffnet
- gestreckt
- Scheitelpunkt = Hochpunkt $H(-1{,}25|6{,}125)$
- y-Achsenabschnitt $S_y(0|3)$
- zwei Nullstellen $S_{x1}(-3|0)$, $S_{x2}(0{,}5|0)$

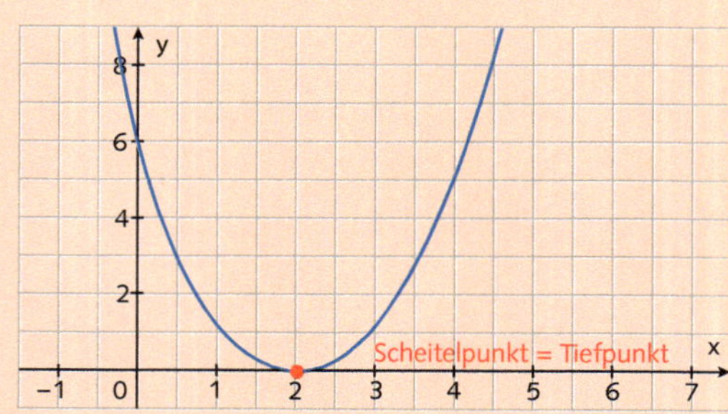

$f(x) = 1{,}5x^2 - 6x + 6$

- nach oben geöffnet
- gestreckt
- Scheitelpunkt = Tiefpunkt $T(2|0)$
- y-Achsenabschnitt $S_y(0|6)$
- eine Nullstellen $S_x(2|0)$

Übungsaufgaben: Graphen zuordnen

Ordnen Sie die Funktionsgleichungen dem richtigen Graphen **zu**.

1

$f_1(x) = -8x^2 + 5x + 3$ ☐

$f_2(x) = -0,5x^2 - x + 3$ ☐

$f_3(x) = 0,5x^2 + x + 1$ ☐

$f_4(x) = 2x^2 - 5x + 1$ ☐

A

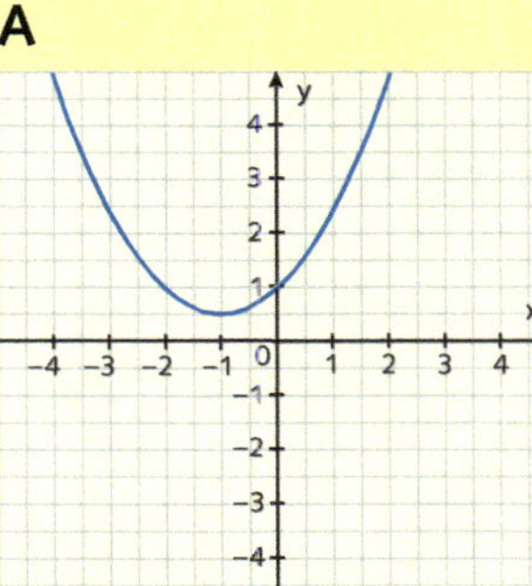

B

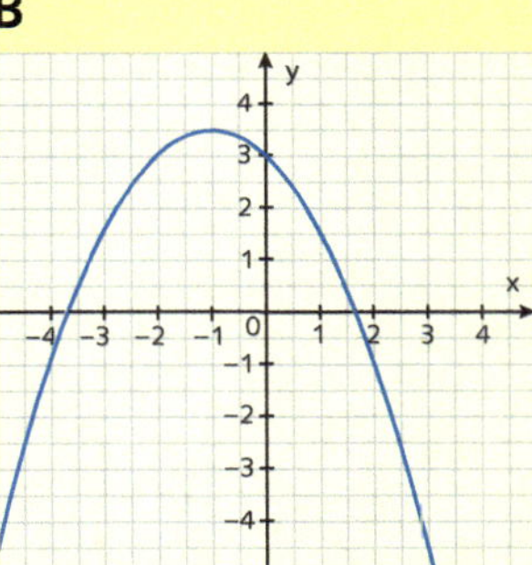

C

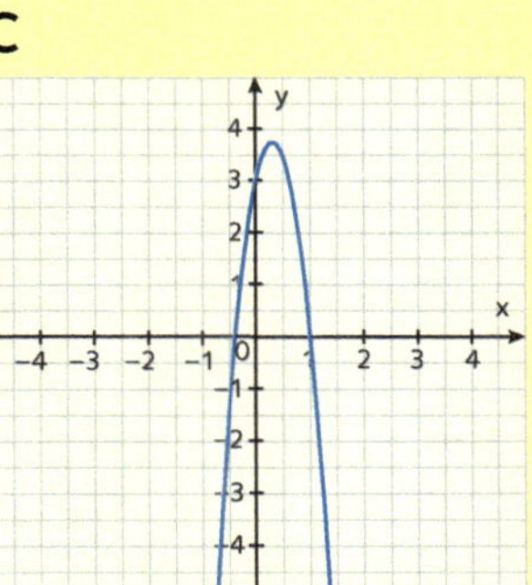

D

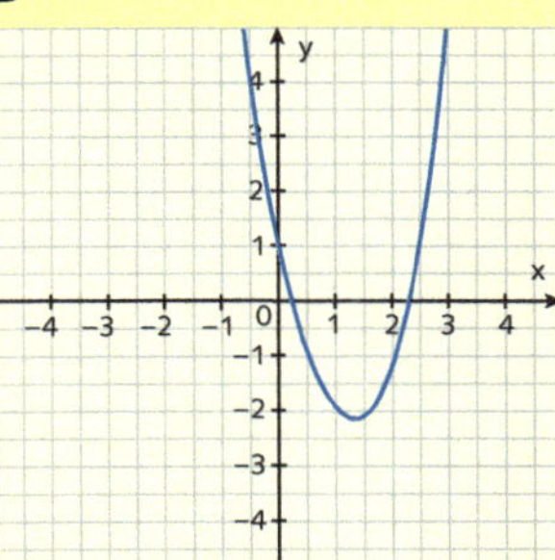

2

$f_1(x) = -0,25x^2 - 0,5x - 2$ ☐

$f_2(x) = 0,25x^2 - 0,5x - 2$ ☐

$f_3(x) = 1,25x^2 - 0,5x - 2$ ☐

$f_4(x) = 1,25x^2 - 0,5x - 3$ ☐

A

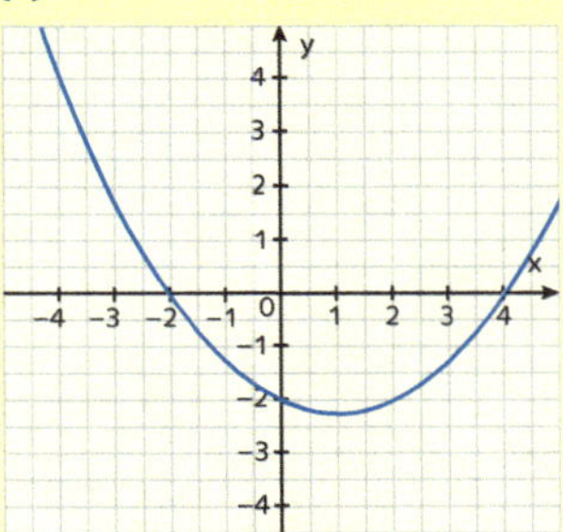

B

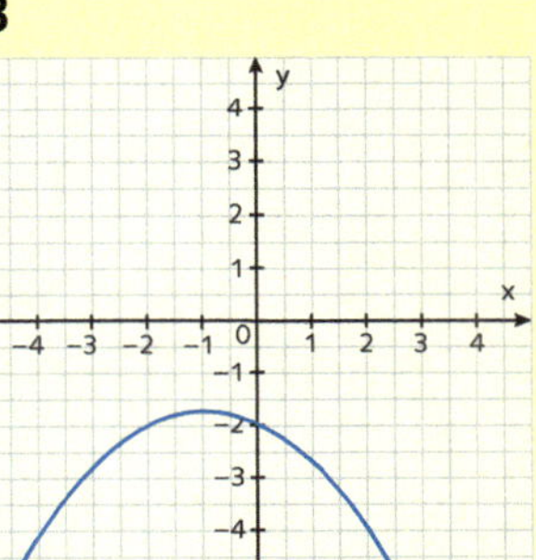

C

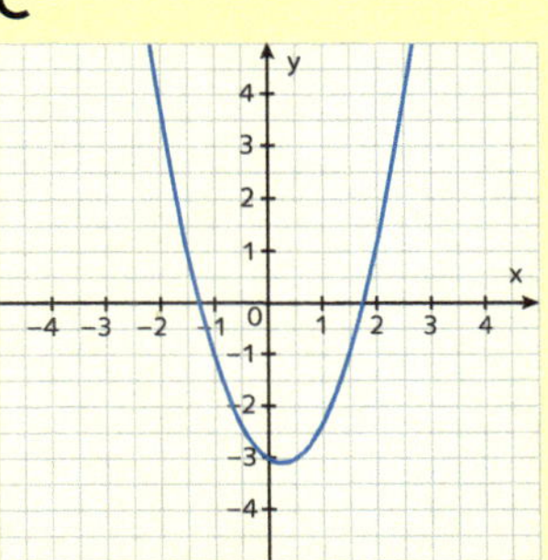

D

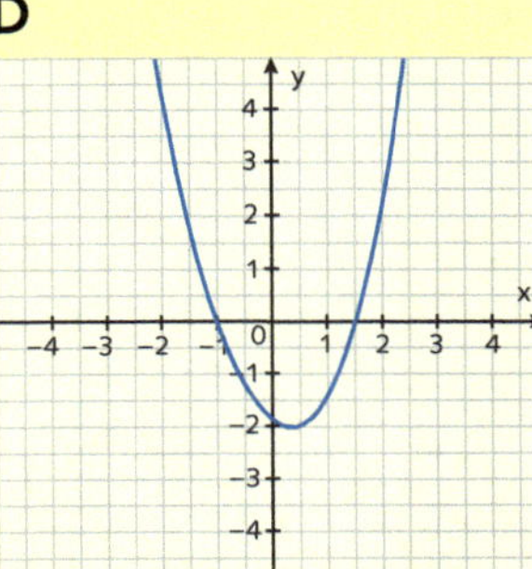

3

$f_1(x) = -3x^2 - 2x + 2$ ☐

$f_2(x) = -0,5x^2 - 2x + 2$ ☐

$f_3(x) = 0,5x^2 - 2x + 2$ ☐

$f_4(x) = -0,5x^2 - 2x$ ☐

A

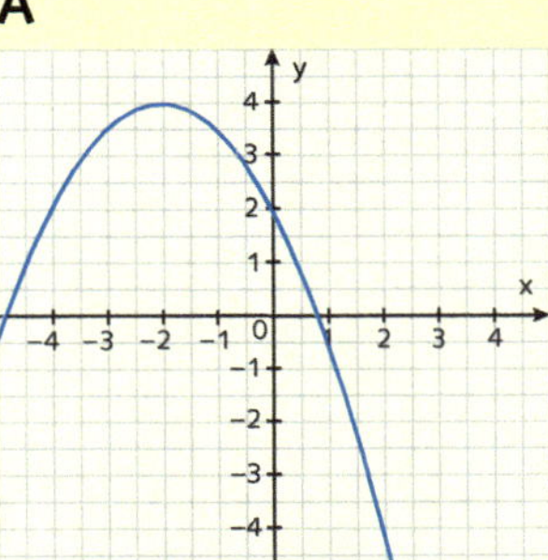

B

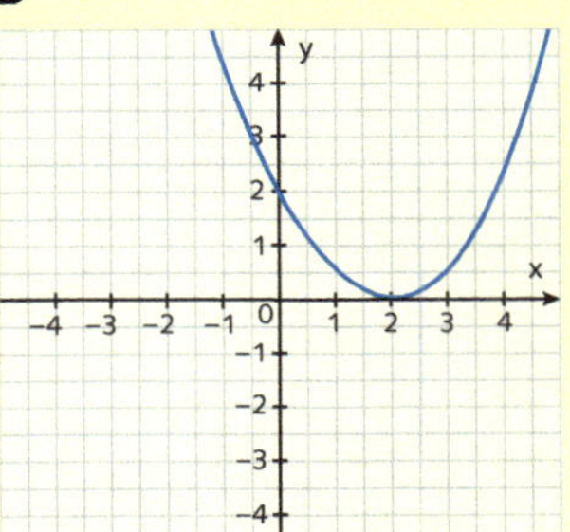

C

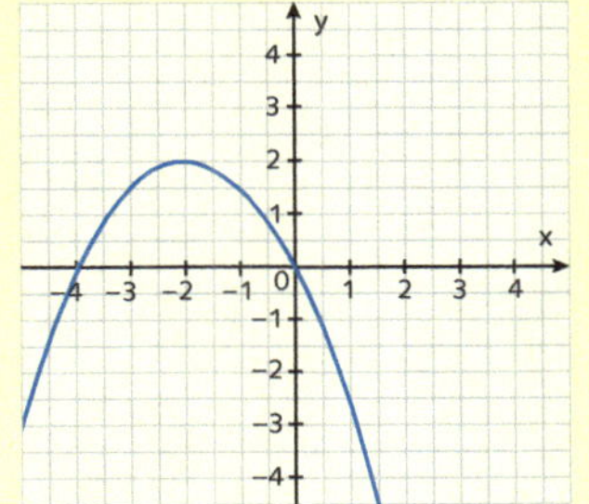

D

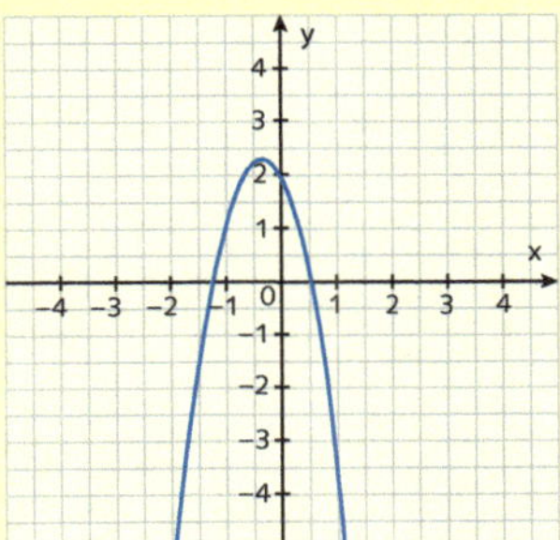

Übungsaufgaben: Graphen zuordnen

Ordnen Sie die Funktionsgleichungen dem richtigen Graphen **zu**.

4 $f_1(x) = -0{,}75x^2 - 2x + 1$ ☐ $f_3(x) = 4{,}75x^2 - 2x + 1$ ☐

$f_2(x) = 0{,}75x^2 - 2x + 1$ ☐ $f_4(x) = -4{,}75x^2 - 2x + 1$ ☐

A

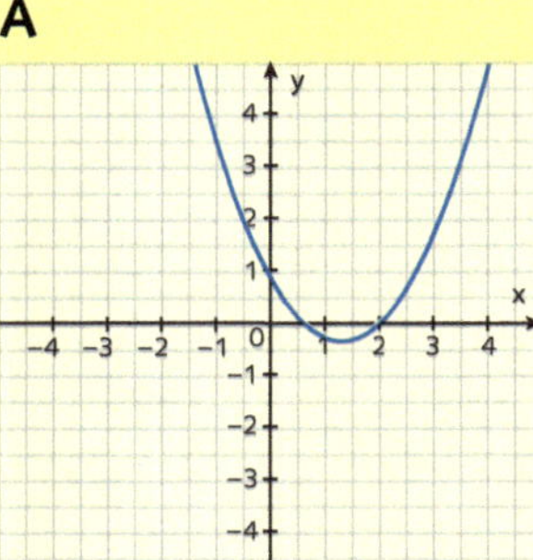

B

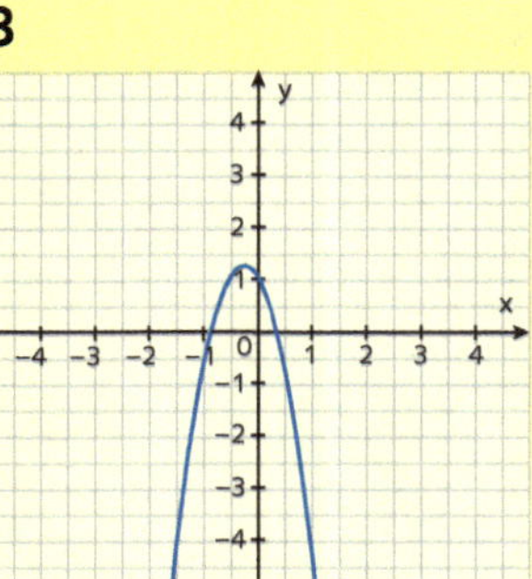

C

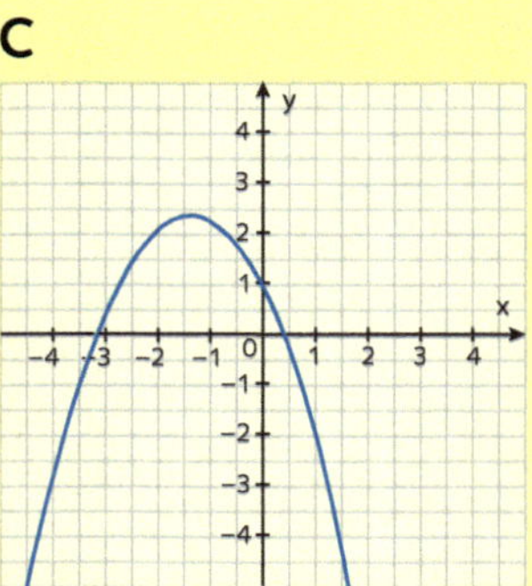

D

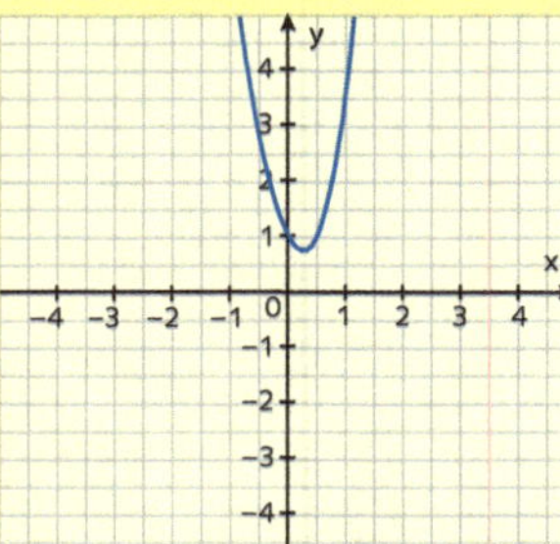

5 $f_1(x) = 2x^2 + 2x - 4$ ☐ $f_3(x) = 0{,}5x^2 + 2x$ ☐

$f_2(x) = 2x^2 + 2x - 2$ ☐ $f_4(x) = 0{,}5x^2 + 2x - 2$ ☐

A

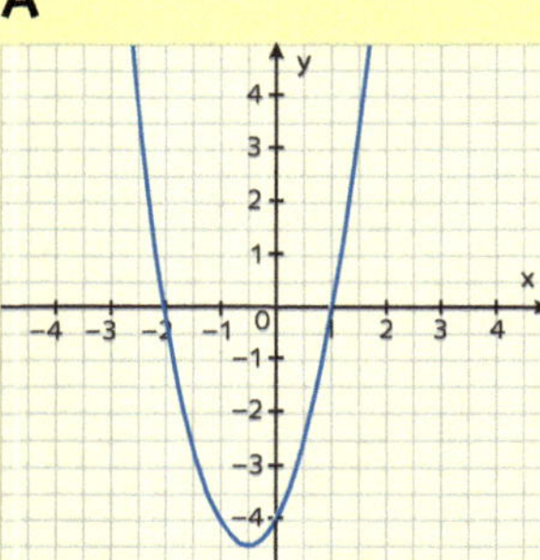

B

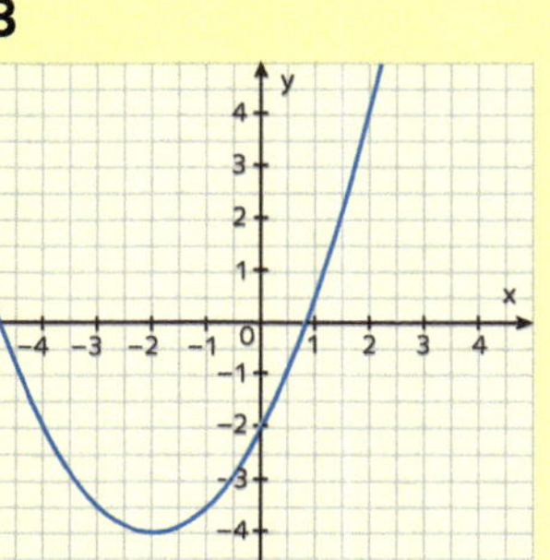

C

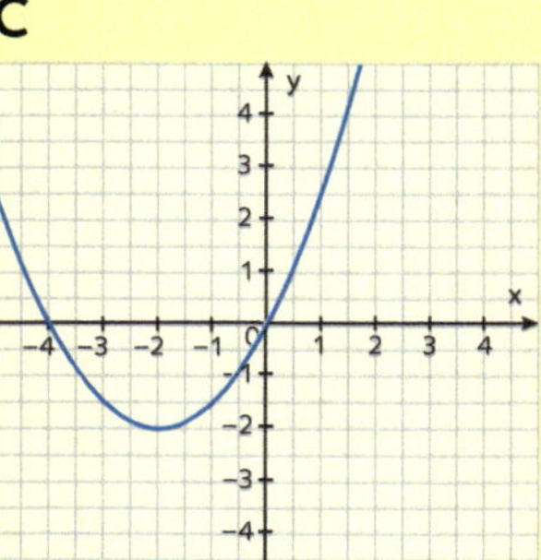

D

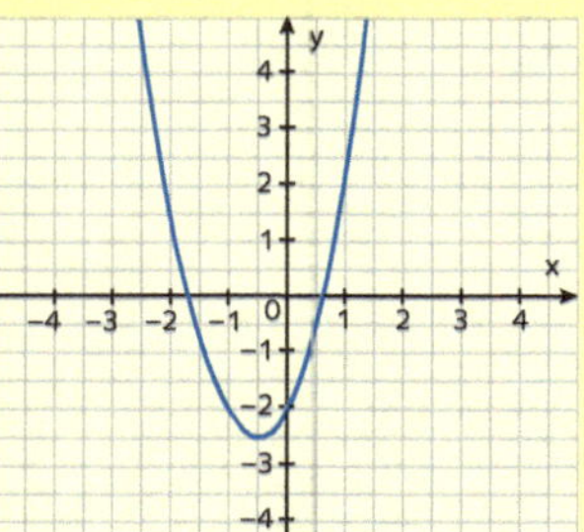

6 $f_1(x) = -0{,}2x^2 - x + 1$ ☐ $f_3(x) = -x^2 - x + 1$ ☐

$f_2(x) = 0{,}2x^2 - x + 1$ ☐ $f_4(x) = x^2 - x + 1$ ☐

A

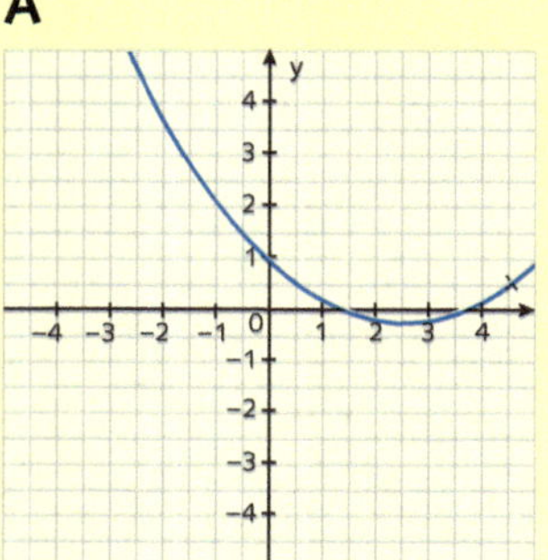

B

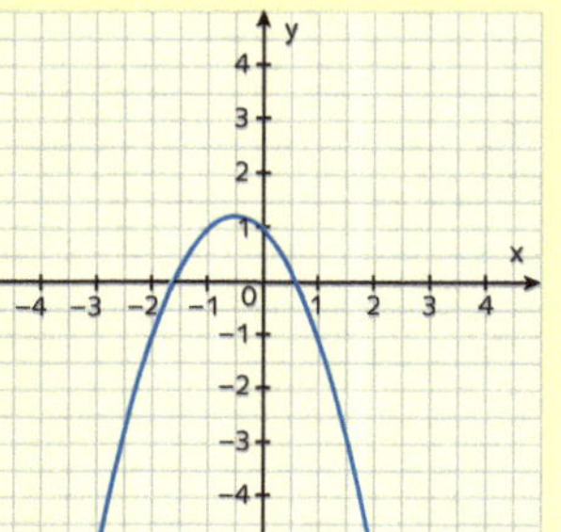

C

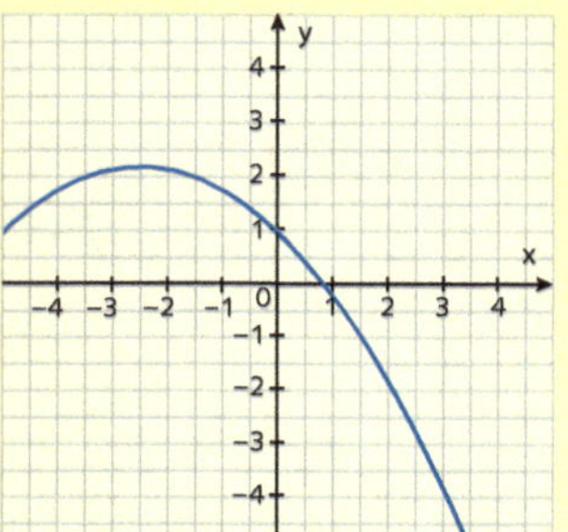

D

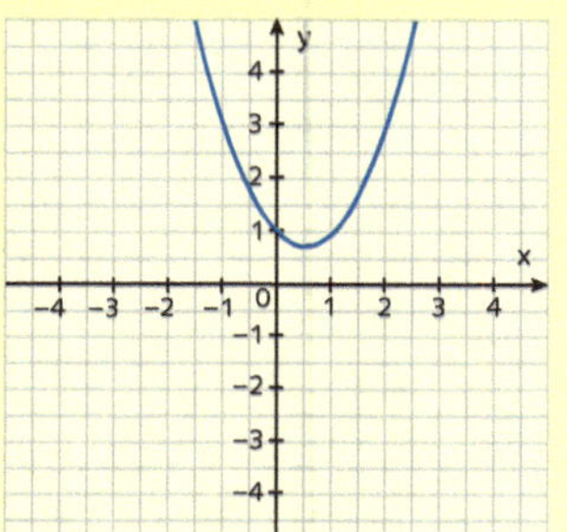

Übungsaufgaben: Wertetabelle

Berechnen Sie die Funktionswerte (y-Werte) für die jeweiligen x-Werte.

Notieren Sie das Koordinatenpaar in Punktschreibweise.

Markieren Sie anschließend den y-Achsenabschnitt und die berechneten Koordinatenpaare im dazugehörigen Koordinatensystem.

Skizzieren Sie die quadratische Funktion in das Koordinatensystem, indem Sie die markierten Punkte entsprechend verbinden *(Tipp: quadratische Funktionen sind symmetrisch)*.

Notieren Sie die Nullstellen *(falls vorhanden)* und den Scheitelpunkt in Punktschreibweise.

1 $f(x) = -0{,}5x^2 + 2x + 2{,}5$

x-Wert	**Berechnung des Funktionswerts (y-Wert)**	**Punktschreibweise** P (x-Wert | y-Wert)
$x = -1$	$f(-1) = -0{,}5 \cdot (-1)^2 + 2 \cdot (-1) + 2{,}5 = 0$	$P(-1 \mid 0)$
$x = 1$	$f(1) = -0{,}5 \cdot 1^2 + 2 \cdot 1 + 2{,}5 = 4$	$P(1 \mid 4)$
$x = 2$		
$x = 3$		
$x = 4$		
$x = 5$		

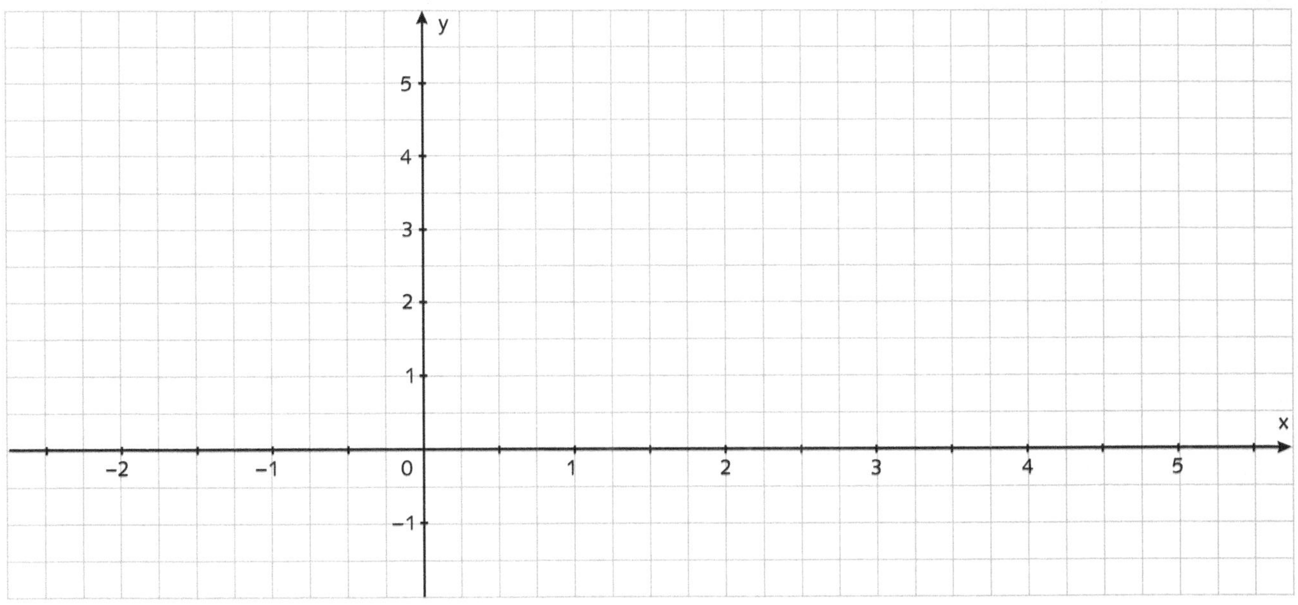

Nullstelle x_1 S_{x1} (x-Wert | y-Wert)	**Nullstelle x_2** S_{x2} (x-Wert | y-Wert)	**Scheitelpunkt *H* bzw. *T*** *H/T* (x-Wert | y-Wert)

Übungsaufgaben: Wertetabelle

2 $f(x) = 0{,}5x^2 - 3x + 2{,}5$

x-Wert	Berechnung des Funktionswerts (*y*-Wert)	**Punktschreibweise** P (*x*-Wert | *y*-Wert)
$x = -1$		
$x = 1$		
$x = 2$		
$x = 3$		
$x = 4$		
$x = 5$		

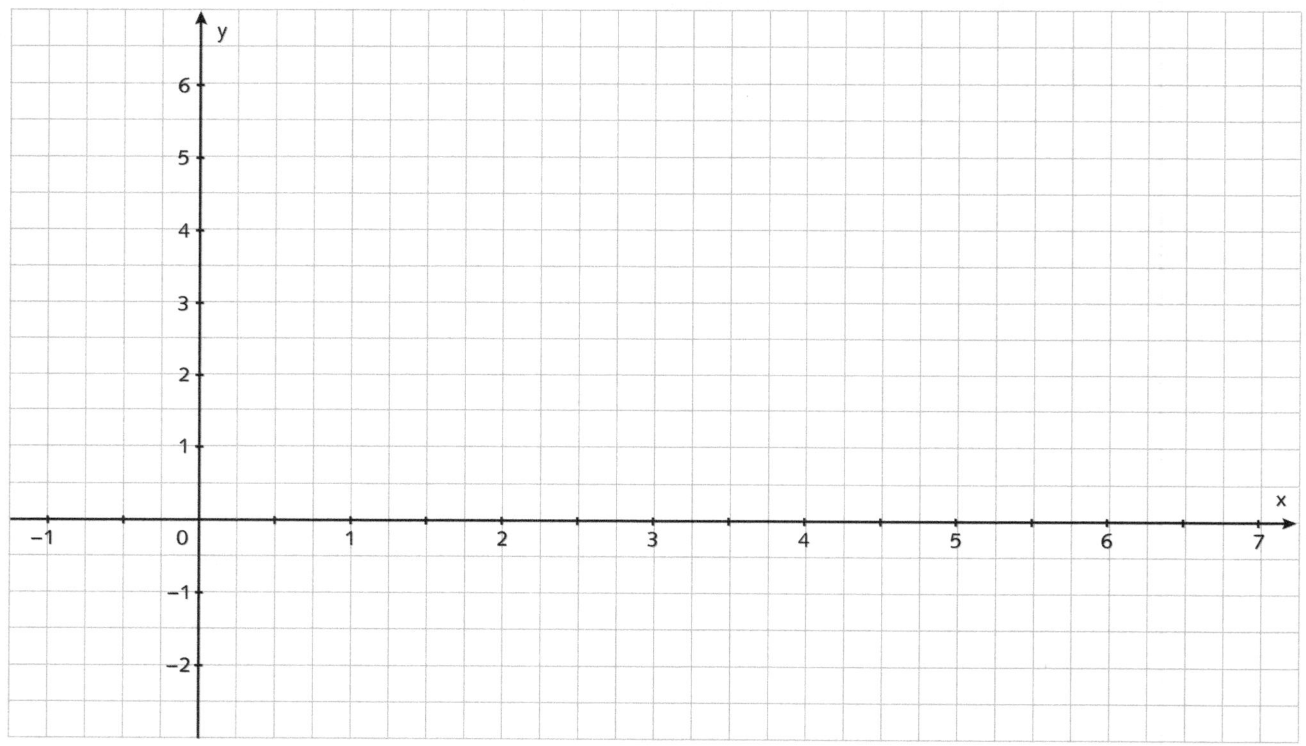

Nullstelle x_1 S_{x1} (*x*-Wert | *y*-Wert)	**Nullstelle x_2** S_{x2} (*x*-Wert | *y*-Wert)	**Scheitelpunkt *H* bzw. *T*** *H*/*T* (*x*-Wert | *y*-Wert)

Übungsaufgaben: Wertetabelle

3 $f(x) = -0{,}25x^2 + x - 1$

***x*-Wert**	**Berechnung des Funktionswerts (*y*-Wert)**	**Punktschreibweise** P (*x*-Wert|*y*-Wert)
$x = -2$		
$x = 2$		
$x = 4$		
$x = 6$		
$x = 8$		
$x = 10$		

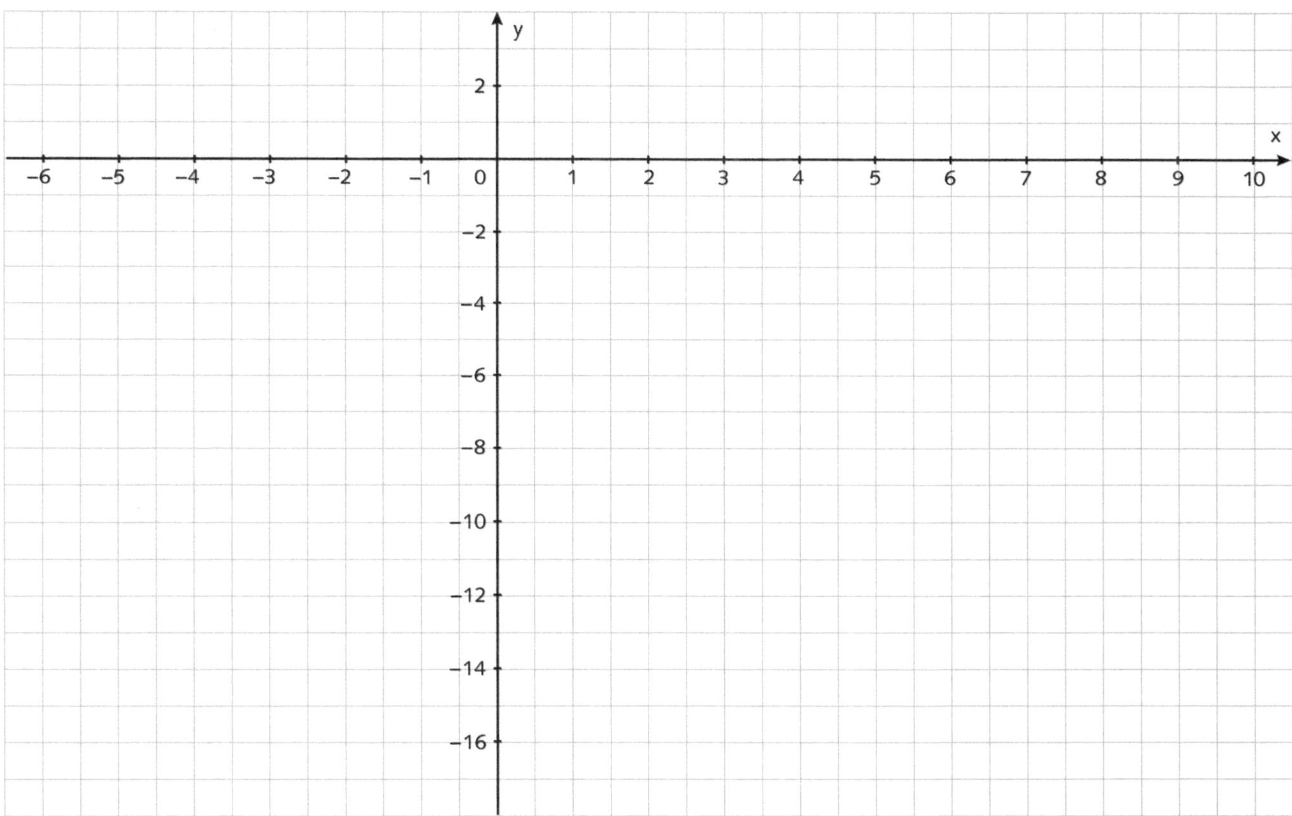

Nullstelle x_1 S_x (*x*-Wert|*y*-Wert)	**Scheitelpunkt *H* bzw. *T*** *H*/*T* (*x*-Wert|*y*-Wert)

Übungsaufgaben: Wertetabelle

4 $f(x) = 2x^2 + 2x - 4$

x-Wert	**Berechnung des Funktionswerts (y-Wert)**	**Punktschreibweise** P (x-Wert | y-Wert)
$x = -2$		
$x = -0{,}5$		
$x = 0{,}5$		
$x = 1$		
$x = 1{,}5$		

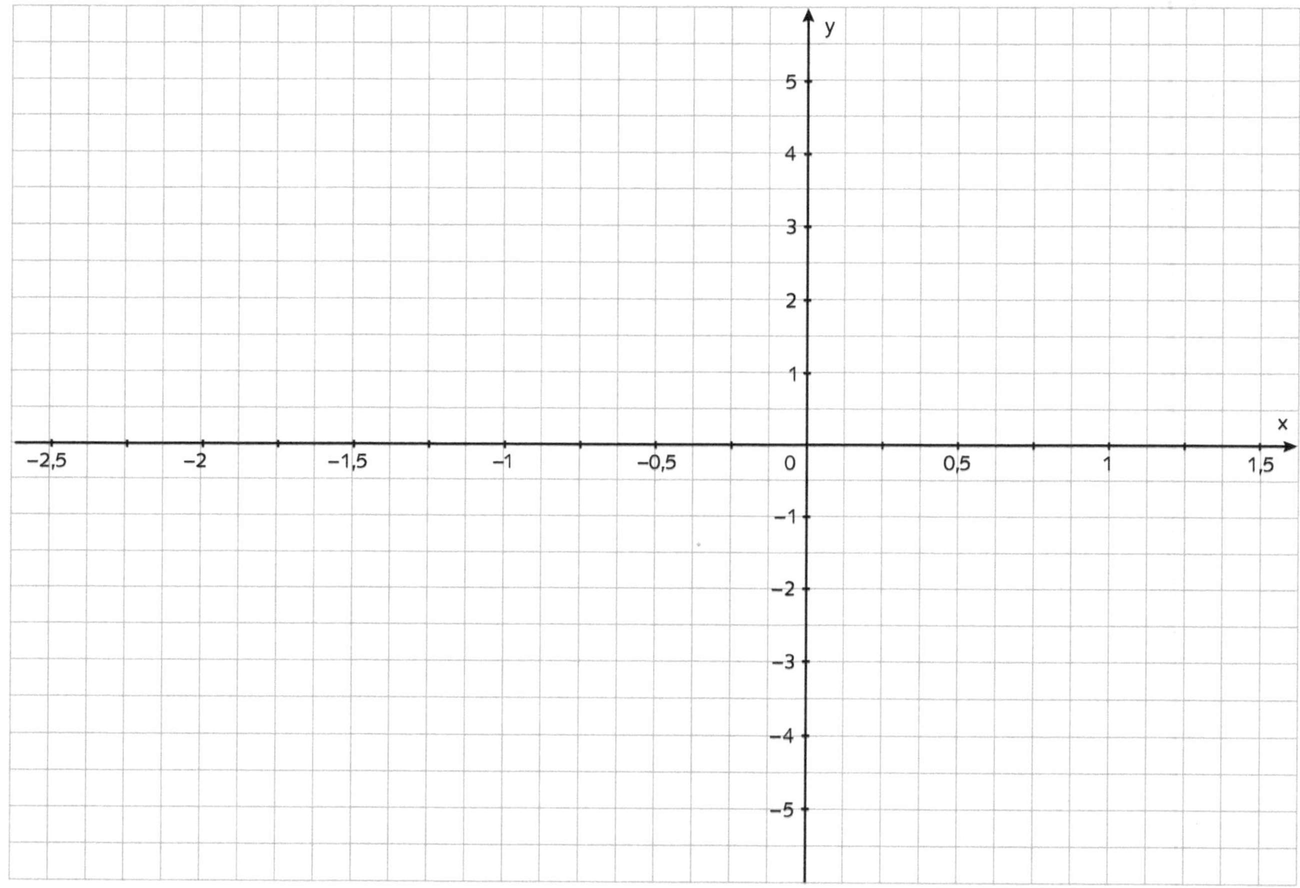

Nullstelle x_1 S_{x1} (x-Wert | y-Wert)	**Nullstelle x_2** S_{x2} (x-Wert | y-Wert)	**Scheitelpunkt *H* bzw. *T*** *H*/*T* (x-Wert | y-Wert)

Fachwortschatzliste

Aktie
Eine Aktie ist ein Anteil an einem Unternehmen in Form eines Wertpapieres. Der Inhaber einer Aktie ist also Teilhaber des Unternehmens und hat auch ein Mitbestimmungsrecht und einen Anspruch auf Beteiligung am Gewinn des Unternehmens.

Ausgangsrechnung (AR)
Ausgangsrechnungen sind Rechnungen, die ein Unternehmen verschickt – das Unternehmen hat eine Ware oder Dienstleistung verkauft und fordert nun vom Kunden bzw. dem Käufer das Geld (= **Forderung**).

Ausschuss/Ausschussmenge/Ausschussquote
In der Produktion werden fehlerhafte Produkte, die man nicht mehr verwenden kann, als Ausschuss bezeichnet. Ausschuss entsteht beispielsweise dadurch, dass fehlerhafte Materialien verwendet wurden, Fehler bei der Bearbeitung entstanden sind oder die Produkte beim Transport beschädigt wurden. Die Ausschussquote ist der prozentuale Anteil der aussortierten Produkte an der gesamten Produktion.

Analyse/analysieren
Eine Analyse ist eine ausführliche und genaue Untersuchung von Abläufen oder Problemen. Dabei versucht man, den Ablauf oder das Problem in einzelne Bestandteile zu zerlegen und Schritt für Schritt zu betrachten.

Buchung
Alle Geschäftsvorfälle eines Unternehmens müssen nachvollziehbar und vollständig aufgezeichnet werden, zum Beispiel der Kauf neuer Büromöbel, der Verkauf von Waren oder die Zahlung von Löhnen und Gehältern. Die schriftliche Erfassung solcher Geschäftsvorfälle nennt sich Buchung.

Budget/Budgetplan/Budgetvorgaben
Zukünftige Anschaffungen und Ausgaben müssen irgendwann bezahlt werden. Das Budget ist in der Regel ein Plan darüber, wann und in welcher Höhe die benötigten Geldbeträge zur Verfügung stehen.

B2B (Business-to-Business)
Mit der Abkürzung B2B werden Geschäftsbeziehungen zwischen zwei oder mehreren Unternehmen bezeichnet. Wenn Unternehmen Waren oder Dienstleistungen an Privatpersonen verkaufen, so spricht man von B2C (Business-to-Consumer).

Eingangsrechnung (ER)
Eingangsrechnungen sind Rechnungen, die ein Unternehmen erhält – das Unternehmen hat Waren oder Dienstleistungen eingekauft und schuldet nun dem Lieferanten bzw. dem Dienstleister das Geld (= **Verbindlichkeit**).

Ergonomie/ergonomisch
Ergonomie ist die Wissenschaft von der menschlichen Arbeit. In erster Linie geht es bei dem verwendeten Begriff darum, die Arbeitsbedingungen so anzupassen, dass das Arbeiten als körperlich angenehm empfunden wird und keine gesundheitlichen Gefahren mit sich bringt.

Fälligkeit/fällig
Die Fälligkeit bezeichnet den Zeitpunkt, bis zu dem eine Schuld beglichen werden muss. Hierbei kann es sich beispielsweise um die Lieferung einer Ware oder Dienstleistung (Liefertermin) oder um die Bezahlung einer Rechnung (Zahlungstermin) handeln. Am vereinbarten Termin wird die Schuld fällig und muss beglichen werden.

Finanzbuchhaltung
Die Finanzbuchhaltung zeichnet alle Geschäftsvorfälle eines Unternehmens auf. In erster Linie geht es dabei um die Einnahmen und die Ausgaben. Es ist wichtig, dass diese Aufzeichnungen nachvollziehbar und vollständig sind. Nur so behält ein Betrieb einen Überblick über seine Finanzen und kann einwandfrei funktionieren.

Finanzierung/finanzieren
Als Finanzierung bezeichnet man die Beschaffung von Kapital (Geld). Möchte ein Unternehmen eine **Investition** tätigen, stellt sich häufig die Frage, wie dies bezahlt (finanziert) werden soll. Dies kann beispielsweise durch die Aufnahme eines Kredites geschehen.

Forderung
Eine Forderung entsteht immer dann, wenn ein Unternehmen eine Leistung erbracht hat

(zum Beispiel die Lieferung an einen Kunden), aber die Bezahlung noch nicht erfolgt ist. Der Kunden erhält in dem Fall eine Rechnung (= **Ausgangsrechnung**), die er bezahlen muss. Solange die Rechnung noch nicht bezahlt wurde, hat das Unternehmen eine Forderung gegenüber dem Kunden.

Fuhrpark
Als Fuhrpark bezeichnet man alle Kraftfahrzeuge (Autos, LKWs, Transporter etc.) die zu einem bestimmten Unternehmen gehören.

Gesellschafter/Gesellschaftsvertrag
Die Gesellschafter sind somit die Teilhaber an der Gesellschaft (zum Beispiel einer GmbH oder einer OHG). Bei der Gründung einer Gesellschaft schließen die Gesellschafter einen Vertrag. Dieser Vertrag regelt die Rechte und Pflichten der Gesellschafter. In einen bestehenden Gesellschaftsvertrag können auch später noch weitere Gesellschafter aufgenommen werden.

Gewinnrücklage
Bei einer Gewinnrücklage handelt es sich um den Jahresgewinn einer Kapitalgesellschaft (zum Beispiel einer GmbH), der nicht an die Teilhaber ausgeschüttet wird. Der Gewinn bleibt als Gewinnrücklage im Unternehmen. Die Gewinnrücklagen sind somit ein Bestandteil des Eigenkapitals der Kapitalgesellschaft.

Investition/Investitionsalternative
Der Begriff Investition kann vieles bedeuten, zum Beispiel Ausgaben für neue Gebäude oder Maschinen aber auch Ausgaben für Projekte, Mitarbeiterschulungen oder Werbemaßnahmen. Grundsätzlich geht es aber darum, dass ein Unternehmen Ausgaben tätigt, um davon in Zukunft zu profitieren. Stehen einem Unternehmen verschiedene Möglichkeiten zur Verfügung, die das gleiche Ziel verfolgen, so sind dies Investitionsalternativen.

Jahresabschluss
Mit dem Jahresabschluss wird das Geschäftsjahr eines Unternehmens beendet. Der Jahresabschluss zeigt, wie erfolgreich ein Unternehmen im abgelaufenen Geschäftsjahr war (Gewinn- und Verlustrechnung). Zusätzlich gibt der Jahresabschluss eine Übersicht über das Vermögen eines Unternehmens, das vorhandene Eigenkapital und eventuelle Schulden (Fremdkapital).

Kalkulation/kalkulieren
Eine Kalkulation ist eine Berechnung. Hierbei geht es vor allem darum, eine Aussage über die Zukunft zu treffen. Bei einer Kostenkalkulation berechnet man beispielweise die Höhe der voraussichtlich anfallenden Kosten.

Kapitaleinlage
Eine Kapitaleinlage ist ein Beitrag zum Kapital eines Unternehmens. Dies kann entweder ein finanzieller Wert sein (Geld) oder ein Sachwert (zum Beispiel eine Immobilie). Der Kapitalgeber wird damit entweder **Gesellschafter** des Unternehmens oder vergrößert seinen bereits vorhandenen Anteil am Unternehmen.

Konditionen
Im Zusammenhang mit der Bezugspreiskalkulation fast man unter dem Begriff Konditionen die Liefer- und **Zahlungsbedingungen** zusammen. Dies umfasst also alle Vereinbarungen, die die Lieferung und die Bezahlung betreffen. Zum Beispiel den Liefertermin, Transport-, Versicherungs- und Verpackungskosten, eventuelle Rabattmöglichkeiten, Zahlungstermin, Form der Bezahlung etc.

Konsumgüter
Konsumgüter werden produziert, um die Bedürfnisse und Wünsche des Endverbrauchers zu befriedigen.

Mahnung
Eine Mahnung ist eine Aufforderung, eine **fällige** Rechnung zu bezahlen. Man kann eine Mahnung auch als Zahlungserinnerung bezeichnen.

Mangel
Als Mangel bezeichnet man die Fehlerhaftigkeit einer Sache. Beispielsweise ist eine Sache mangelhaft, wenn sie verdorben oder kaputt ist (Mangel in der Beschaffenheit), versprochene Eigenschaften nicht erfüllt (Mangel in der Qualität) oder die Menge nicht stimmt (Mangel in der **Quantität**).

Polypol
Ein Polypol ist eine Marktform, bei der viele Marktteilnehmer zusammentreffen. Zum Bei-

spiel wenn es für eine bestimmte Ware zahlreiche Anbieter (Verkäufer) und auch viele Nachfrager (Käufer) gibt, so handelt sich hierbei um ein Polypol. Das Gegenteil zum Polypol ist das Monopol. Bei einem Monopol kann es zwar auch viele Nachfrager (Käufer) geben, allerdings nur einen einzigen Anbieter (Verkäufer = Monopolist).

Preispolitik
Bei der Preispolitik geht es um die Festlegung von Verkaufspreisen. Um den optimalen Verkaufspreis festzulegen, müssen die Unternehmen ihre eignen Ziele beachten, aber auch das Verhalten der Konkurrenz und der Käufer beobachten.

Qualitätsmanagement
Unter dem Begriff Qualitätsmanagement versteht man eine Vielzahl organisatorischer Maßnahmen, mit deren Hilfe man die Qualität seiner Produkte erhalten oder sogar verbessern möchte. Neben der Qualität der Produkte ist aber auch die Verbesserung von Arbeitsabläufen und Arbeitsbedingungen von enormer Bedeutung.

Quantität
Quantität bezeichnet die Menge oder Anzahl von Dingen oder die Häufigkeit von Ereignissen. Indem man etwas zählt oder misst, kann man die Quantität also in Zahlen ausdrücken.

Segment
Bei einem Segment handelt es sich in der Regel um einen Ausschnitt beziehungsweise nur um einen Teil vom Ganzen. In Bezug auf verschiedene Produkte kann es sich dabei also um einen Teil des **Sortiments** handeln.

Sortiment
Als Sortiment bezeichnet man die Gesamtheit der unterschiedlichen Waren, die ein Geschäft anbietet – es geht also um die Größe des Warenangebotes. Führt ein Geschäft viele unterschiedliche Artikel, so spricht man von einem großen Sortiment.

Start-up
Als Start-up-Unternehmen bezeichnet man Unternehmen, die eine neue und vielversprechende Geschäftsidee haben, sich aber noch in der Gründungsphase befinden. Man geht also davon aus, dass das Unternehmen in Zukunft schnell wachsen wird.

Tilgung/Tilgungszahlung
Als Tilgung bezeichnet man die Rückzahlung von Schulden. Hierbei geht es beispielsweise um die vertraglich vereinbarte Rückzahlung eines Kredites.

Überschuss
Wenn die Einnahmen höher sind als die Ausgaben, erzielt man einen Überschuss. Im umgekehrten Fall würde man von einem Fehlbetrag sprechen.

Umsatz
Der Umsatz ist der Wert der Waren und Dienstleistungen, die ein Unternehmen beziehungsweise ein Geschäft verkauft hat. Gemessen wird der Umsatz also in Geldwerten (zum Beispiel in Euro). Anders ist es beim Absatz – hierbei geht es um die Stückzahlen, also um die verkaufte Menge.

Verbindlichkeit
Eine Verbindlichkeit entsteht immer dann, wenn ein Unternehmen ein Schuldverhältnis eingeht. Zum Beispiel, wenn das Unternehmen eine Lieferung oder Leistung bezieht und darüber eine Rechnung erhält (= **Eingangsrechnung**). Das Unternehmen hat also eine Zahlungsverpflichtung. Die Verbindlichkeit erlischt, sobald die Rechnung bezahlt wurde.

Zins/Zinszahlung
Leiht man sich einen Geldbetrag, erwartet der Geldgeber auch eine Gegenleistung. Der Zins ist somit der Preis dafür, dass man sich für eine bestimmte Zeit einen Geldbetrag ausleiht. Der Zins wird in Prozent angegeben. Die Höhe und **Fälligkeit** der Zinszahlungen werden in der Regel vertraglich vereinbart

Zahlungsbedingungen
Die Zahlungsbedingungen sind zwischen dem Käufer und Verkäufer getroffene Vereinbarungen. Hierbei geht es in der Regel um den Zahlungsort, den Zahlungszeitpunkt (**Fälligkeit**) und in welcher Form die Zahlung erfolgen soll. Auch die Gewährung eines möglichen Skonto-Abzuges wird in den Zahlungsbedingungen vereinbart.